U0247323

那些无法忘怀的时光，

那些对美味的恋恋不舍，

都渗透着对家乡的无限思念……

李晶 著

老家味道 河南卷

河北出版传媒集团
河北教育出版社

目录

扁粉菜
永葆热情的姿态

　　制作扁粉菜的灵感在某种程度上源自过去的大锅菜，将粉条、豆腐、青菜、猪血等食材全部放在一口大锅里面煮，热情粗犷、豪放洒脱，是非常典型的北方风格。多样的食物与味道交织融合，浸润在底蕴深厚的高汤中，形成一个丰富多元的世界，带着氤氲缭绕的热气，拥有着吸引人的神奇魔力，让你尝上一口就再也放不下。

　　在我国的北方地区，很多人对大锅菜一定不陌生，特别是东北乱炖、猪肉炖粉条等菜式，一直都很出名。

　　大锅菜在一口锅里集中了很多食材的风味，猪肉、白菜、豆腐、粉条等都可以随意搭配，菜品营养丰富，汤汁浓郁。而在我国四川、重庆一带，麻辣烫则是经典的小吃，并且近年来火遍全国，很多年轻的女孩都爱吃，一碗麻辣鲜香的麻辣烫下肚，真是令人大呼过瘾。

在河南安阳，也有一种既像大锅菜，又类似于麻辣烫的传统小吃——扁粉菜。它以粉条为主料，配以青菜、豆腐、猪血等，在一口大铁锅中煮。将粉条和蔬菜加入精心熬制的高汤，再配上油香微辣的辣椒，热乎乎，香喷喷，吃起来那叫一个舒服。

扁粉菜拥有众多粉丝，很多安阳人会以一碗扁粉菜作为每天的早餐。油汪汪、热腾腾的扁粉菜美味又营养，体现着安阳人的热情爽朗、勤劳智慧，也体现着很多河南美食"中和"的特点——集南北特色于一体，兼东西之长而自成体系。

扁粉菜在安阳的普及程度不亚于冒菜之于成都，而它在当地人心目中的地位也极高，每天不吃上一碗就觉得生活好像少了些什么。制作扁粉菜的灵感在某种程度上源自过去的大锅菜，将粉条、豆腐、青菜、猪血等食材全部放在一口大锅里面煮，热情粗犷，豪放洒脱，是非常典型的北方风格。多样的食物与味道交织融合，浸润在底蕴深厚的高汤中，形成一个丰富多元的世界，带着氤氲缭绕的热气，拥有着吸引人的神奇魔力，让你尝上一口就再也放不下。

吃扁粉菜长大的孩子，对它都有着深厚的感情，无论走到哪里都会对它念念不忘，寻一碗扁粉菜吃，成为一种怀念家乡的寄托。

据说，扁粉菜的精华在汤，主体在粉，营养在菜，口味在辣。味道鲜美、精心熬制的高汤是扁粉菜的灵魂之所在，汤鲜则味鲜，汤鲜是食客对这道小吃的第一印象。

扁粉菜的制作者历来懂得在高汤上下功夫，取带有骨髓的大骨，加上秘制香料，小火慢熬数小时，直到汤煮成清亮的奶白色，表层漂浮着淡淡的油花，骨头和骨髓的所有精华都溶解到汤汁里才算是成功。

做扁粉菜用的粉条也与众不同，通常使用的是红薯粉条，而且比一般的红薯粉丝要粗，这样才能久煮不烂，清香可口。红薯粉条以红薯为原料，用红薯内的淀粉加工而成，富含碳水化合物、膳食纤维、蛋白质、烟酸和钙、镁、铁、钾、磷、钠等。

粉条有良好的吸味性，无论何种鲜美汤料跟它一起煮，味道都能被它吸收。一般扁粉在下锅之前，会事先用高汤浸泡四到六个小时，以便充分地吸收其中的营养和味道，再下锅煮就会更加柔软香甜，味道浓郁。

扁粉菜的第二主角是各种丰富的配菜。时令的青菜、白嫩的豆腐、新鲜的猪血……每一样都独具特色，彼此搭配组合，相得益彰。

豆腐和猪血的质地很像，而且都是适合在汤中久煮出味的食材，松软鲜嫩，本身也没有过分张扬的味道，不会喧宾夺主。豆腐不仅有着豆类的清香微甜，而且营养价值极高，含有大量钙、铁等微量元素以及丰富的维生素；切成薄片的猪血也是营养丰富，口感爽滑筋道，嚼起来弹力十足。

采摘当季的新鲜蔬菜，洗净浸泡，待到快开锅时撒入锅中，稍煮片刻就能食用，为整道菜提供新鲜的维生素和叶酸，同时中和油腻，使其口感更佳。

能提升整碗扁粉菜口感的，是特制的辣椒。可以说，没有放辣椒的扁粉菜不是正宗的扁粉菜，只有撒上那种红艳艳、香喷喷的辣椒，才是一碗够味、够爽的扁粉菜。

很多做扁粉菜的店家，都是用盆装着辣椒直接倒入大锅中，盛扁粉菜时再一起盛到碗里，爱吃辣的食客会特意要求多加辣椒。在碗里密密麻麻地盖上一层辣椒，它便在热辣辣的油汤中翻腾，点缀着朴实素净的扁粉菜，也让扁粉菜的口感更加火辣劲爆，令人垂涎。

一碗热腾腾的扁粉菜，汤汁油亮浓香，粉条晶莹剔透，豆腐洁白如玉，猪血暗红，再配上翠绿碧青的蔬菜，以及光彩照人的红辣椒，真是色泽鲜亮，美味诱人。北方食物的粗犷豪迈，南方食物的精致细腻，全呈现在这一碗香气飘飘的扁粉菜里。

常吃扁粉菜的人，对油饼一定不陌生。作为早饭，一碗扁粉菜还不够饱腹，被香辣的辣椒打开而大增的食欲，还需要更多的主食来满足。

油饼是吃扁粉菜的最好搭配。看看清晨扁粉菜的摊位上，食客们无一不是一碗扁粉菜，再加一小碟油饼，吸溜吸溜地吃着粉条，再咬上一口喷香筋道的饼，喝上一口热乎乎、油汪汪的汤，三五好友，聊聊天气，唠唠家常，尽情享受着这座城市的安逸慵懒。

由于味道鲜美、口感香辣，很多人爱喝碗里的汤，有时候汤都喝完了，菜还剩下很多，就招呼店主再续上一碗汤，让美味继续。

吃完以后，走在清晨的街道上，逃离主干道上的车水马龙，选一条幽静的小路。只见路面干净，行人信步，蔚蓝的天空中浮着洁白的云，暖暖的阳光和煦地照耀着大地，街角的小公园里开满了鲜花，白色、粉色、黄色……细密的花瓣簇拥在枝头，那是繁花似锦的四月，空气里弥漫着亲切的香气，让人觉得一切都生机盎然。

一些中学生背着书包慢慢地走着，嘴里还轻声地念着单词；一些上班族衣装整齐、头发光亮、步履匆匆地向单位走去。这是安阳春天的一个普通早晨，一碗扁粉菜开启了一天的美好生活。

时光对于每个人来说，都有着不同的意义。能够抓住时间和机会，善加规划，合理安排，才会目标明确，条理清晰，事半功倍。和紧张忙碌相比，我们或许更喜欢舒适的生活和悠闲的步调。但是在经过许多事情之后我们才会明白，人生需要找到每个阶段的目标，并且为之努力，这样才能真正体会到生命的喜悦。

一些人感觉生活平淡，碌碌无为，回首过去的每一天，数十年如一日，过得也没有什么不同，无非是"忙"与"茫"两个字。而另一些人却能在时光的流逝中永远保持积极的心态，拥有很多个目标，让每一天都充满新鲜的动力，永葆青春，就像一碗扁粉菜，有绿色青菜的新鲜水灵，也有红色辣椒的火辣劲爆，越活越过瘾。

曾经的理想是有时间、有金钱，做自己喜欢做的事。后来才慢慢明白，真正厉害的人，是对自己不喜欢的事情说不，永远保持拒绝的能力。

工作的这些年，不可避免地产生了职场上的倦怠感，觉得自己做的是再普通不过的事情，内容上也没有什么创新，热情和动力不够了。有时候想要偷懒，过安逸的日子，也曾将那句"把时间浪费在美好的事物上"当作至理名言。

但是我明白，其实任何收获都需要用成倍的努力去换。你可以静静地卧在家里的沙发上，吃着垃圾食品，看着电视，但绝不能忘记手头还有未完成的、一拖再拖的工作；你可以借着孩子小的理由，对工作不付出百分百的努力，但一定不能形成长久的惯性，从而失去对工作的热情和动力；你可以这一刻不在乎所谓的功与名，但身边的人都在积极进取、激流勇进，自己岂能甘心一辈子原地踏步、虚掷光阴？

所以，吃完扁粉菜，享受片刻的安逸慵懒后，人还是要以万分热情的姿态投入生活的洪流中去，像个"傻子"一样去奔跑，像个"疯子"一样去奋斗。因为，只有一个有足够积累的人，才能有实力和资本，拒绝自己不喜欢的事情，过上随意任性的生活。

扁粉菜

北方食物的粗犷豪迈，
南方食物的精致细腻，
全呈现在这一碗香气飘飘的扁粉菜里。

扁粉菜的做法

食材：猪棒骨、红薯扁粉条、豆腐、猪血、青菜、葱、姜、蒜、盐、料酒、辣椒油。

1 制作高汤。将猪棒骨剁成块，下锅焯水，撇去浮沫儿。加入葱、姜、盐、料酒等作料，用大火煮开。后转为小火，熬制约两个小时，直到汤水变得清亮。

2 将红薯扁粉条提前泡软。

3 豆腐和猪血都切成薄片，青菜洗干净，沥干水备用。

4 将粉条下入高汤中，煮到软滑，入味。

5 加入豆腐和猪血，煮到开锅，熟透。

6 最后加入青菜，在锅中搅拌数次。

7 盛到碗中，加入蒜末儿、辣椒油后即可食用。

炒米茶

愿你被世界温柔以待

> 炒米的香气很难准确形容，它清香淡雅，又经久不散，能长久地留在你的嗅觉印象中；它浓烈炽热，又始终带着稻米的清冽甘润，有种空谷幽兰的脱俗雅致。

在河南，70后、80后大都知道炒米，这种米香四溢、焦脆可口的膨化零食，曾是很多人童年不可或缺的味道。

特别是在春节期间家里串亲戚时，主人会端上一碗香香甜甜的炒米茶，有时还在里面卧几枚白白嫩嫩的荷包蛋，让人一进门就感受到了如春风般的温暖，如喝了蜜糖般的美好。

炒米，顾名思义，就是将大米在高温下不停地翻炒，使其受热膨胀，变成一种类似于爆米花的膨化食品。炒米的主料是大米，辅料只有水和盐，制作过程遵循着最原始、最天然的方式，因此也获得了绿色和健康零食的美名。

炒米是一种很特别的零食，小孩可以吃，大人也可以吃，自己在家可以吃，招待客人也可以吃。遥想二三十年前的孩子，不似现在的儿童，能接触到如此这般花花绿绿、琳琅满目的零食。

那时除了一日三餐以外，也就是吃点花生、瓜子、饼干之类，水果一般也就是苹果、橘子、香蕉、西瓜等，哪有现在这么多种类，天南海北、国产进口……只要你想吃，世界各个角落的零食几乎没有什么是寻不到的，而且不分季节，大棚里的温度随意可控，冬天要吃西瓜也是分分钟的事情。所以那个年代的炒米，算是一种正餐之外的零食，它带给了我们很多的欢乐和极大的满足。

用水将生的大米洗淘干净，控干水分，倒入铁锅之中，用中小火持续加热，不停地翻动。跳跃的蓝金色火苗轻盈忽闪，随之将热量传递给锅内的大米。渐渐地，色泽洁白、晶莹剔透的米粒儿开始变了颜色，从素白变成乳白、淡黄，甚至有个别的变成了金黄；其体积也增大了一倍，玲珑娇小的米粒儿慢慢膨胀，变成了中间滚圆、两头尖尖的橄榄球形状。

随着炒米在锅中似波浪一样不间断地翻滚，你甚至能听见"噼噼啪啪"的声音，这是米粒儿开花绽放的欢呼声。

等到你闻见四溢的米香时，就差不多炒好了。炒米的香气很难准确形容，它清香淡雅，又经久不散，能长久地留在你的嗅觉印象中；它浓烈炽热，又始终带着稻米的清冽甘润，有种空谷幽兰的脱俗雅致。

米，这种直接来自泥土和田水的作物，应该是最能打动人心的，因为它被赋予了大地的芬芳、阳光的照耀和风露的精华，它质朴淳厚，是我们世世代代赖以生存的基本食物。

趁热抓一小把炒米，迫不及待地塞进嘴里，感受炒米在牙齿间磨碎的过程，酥脆、香甜，又带着筋道挺拔的感觉，还有着空气充盈的新鲜和饱满，感觉一口气能吃下一大碗。

将炒米晾干冷却后，就可以放在塑料袋里密封保存，因为这样酥脆的膨化食物，最怕与空气接触，受潮就变得绵软，嚼不动，难以下咽，没有丝毫口感可言。想吃的时候，抓上一把干炒米，光是磨磨牙，解解馋，也觉得有趣。不过毕竟是纯天然无添加的食品，炒米还是要尽快食用，放得太久，味道就不新鲜了。

炒米可以用糖稀黏在一起，然后切块，就成了香甜酥脆的炒米糕，同样是甜蜜的食物，这也是当时小孩子们爱吃的零食之一。

炒米的另外一种吃法是泡入茶中。取一只白色瓷碗，用手抓一把炒米，记住，一只手能抓住的量就正好；放两勺白砂糖，用烧开的沸水冲泡，只需要一分钟，就能制作出一道别致的美味。淡黄色的炒米缓缓地在水中舒展、晕开，一部分优雅自然地漂浮在水面上，那是因为它们质地稍微坚硬，没有吸收过多水分，从而保持了轻盈曼妙的身姿；一部分由于热水的浸泡而变得饱胀、沉重，慢慢地落入碗底。

拿起小勺轻轻搅拌，白砂糖晶亮透明的颗粒渐渐溶化，清水也不似最初时那般清澈透明无味，变得甜腻，还增添了几分活泼的生气。碗中出现了小小的旋涡，炒米均匀地列成圆形队伍，一圈一圈地旋转、游动，不知何时才会停止，也不知最后落在哪里，就像在人生路口徘徊晃荡的我们，不知道有着怎样的际遇。生活有时真的像一个谜。

炒米与糖、水由最初的邂逅到最后的融合，带着盘旋升起的热气和香味，形成了一种有着全新口感的美食。泡开的炒米多了几分柔软，但也没有完全失去酥脆之感，混合着甘美的糖水下肚，一直甜到肠胃深处。有时，还可以在炒米茶中加入荷包蛋，这也是一种近乎完美的经典搭配。

荷包蛋也是简单朴素的食物，却未必人人都能做好。想打出一枚完整不破的荷包蛋其实需要极大的耐心。我以前总是完不成，打出的蛋不是露出蛋黄，就是粘在锅底，用铲子一翻就碎了，煮轻了怕不熟，煮过了又太老。

直到后来我学会了一种神奇的方法：找一口小小的锅，添水，用大火烧开，待水全面沸腾的时候关火。拿一支干净的筷子，在锅里顺时针方向搅动，使水面形成一个旋涡。将打好的生鸡蛋对准旋涡的正中心倒下去，你会看见鸡蛋随着旋涡旋转飞舞。在这个过程中，蛋清迅速地包裹住太阳般的蛋黄，形成一个不可思议的圆形，正中间是蛋黄，四周是渐渐发白的蛋清。

旋转，旋转，这画面太美，我甚至看得忘记了盖上锅盖。盖锅盖的时候稍微留一条缝，以防水溢出来，等到鸡蛋停止了旋转的时候，再开一点小火慢慢地补充热量，等水再次沸腾的时候，荷包蛋就煮好了。

那是一枚完好无缺的荷包蛋，四周飞散着丝丝点点的蛋白，中间的蛋黄是近乎标准的椭圆形状，被一层薄薄的蛋白均匀地包裹着，微微透明。用筷子一夹，蛋黄颤颤巍巍的，挑破一个洞，就能看见里面的金黄柔红，外层的蛋黄酥酥的、沙沙的，里面的蛋黄接近于一种黏稠流质的状态，红红的、软软的，缓缓地流出来，散发着橙黄透红的光彩。吃一口荷包蛋，喝一口炒米茶，清甜爽口，甜蜜满溢。

最简单的食物，却往往带来最大的满足感。甜的食品总是让人觉得幸福，就像是小孩子吃到了心心念念的棒棒糖会高兴得眉开眼笑，女孩吃到了期待已久的小蛋糕会满足得开心冒泡，那种心情——愿望得到满足的小确幸，想法能够肆意横行的小任性——是一种被宠爱的撒娇。

那个允许你吃糖的长辈，给你买蛋糕的人，是在用自己的爱心实现你的心愿，给你温暖的拥抱和支持；那个给你泡炒米茶煮荷包蛋的人，一定是心怀诚意、笑脸相迎的人，让你觉得如沐春风，满心欢喜。

小时候常常想，长大后会是什么样子？二十岁的我会在哪里？三十岁的我会做着一份什么样的工作……走在很多人生关键的路口，我们常常会不知所措，不敢选择，因为不知下一步会遇见什么。就像站在货品丰富的商场和超市，面对品种繁多的零食，常常眼花缭乱，无从下手。

我们都希望所选择的是正确的，所付出的是有回报的，所遇见的是安稳静好的。连续挑灯夜读，换来了可圈可点的成绩，孩子的脸上会露出会心的微笑；一顿疯狂的加班，得到老板的肯定和赞许，自己也觉得付出有回报。

有一次我粗心弄丢了先生的钱包，正发愁要如何挂失和补办那一大堆的证件和卡片之时，一个干净白皙的男孩轻轻敲门，把他在楼下捡到的钱包送给了我。

有一次坐高铁回家，女儿把一满瓶牛奶全部洒到了座位上，我抱着孩子手足无措，邻座的一位阿姨拿出纸巾麻利地帮忙擦拭干净，又从背包里拿出两只干净的塑料袋给我铺好，说没事了，快坐吧。

生活若是谜，我们都希望看到温暖美好的谜底。但如果答案是自己不想要的，我们会不会有勇气面对，抑或重来一次？我的答案是会。因为总是会有一些温暖的小事，善良的心意，在时刻鼓舞着我们，让我们以正能量和积极的心态去看待生活，让我们觉得自己被这世界温柔相待。

就像作家水木丁说的那样："做一个清醒者，冷冷地旁观这个世界，向世界索取自己想要的东西，做自己想要做的事，成为自己想要成为的人，该抓住的抓住，该舍弃的舍弃，该背叛的时候就背叛，我想这才是真正的够酷。"

炒米茶

炒米与糖、水由最初的邂逅到最后的融合，带着盘旋升起的热气和香味，形成了一种有着全新口感的美食。

糍粑

传统、现代何去何从

> 别小看一片小小的糍粑，吃法可是相当多的，
> 可以煮，可以炸，可以煎，可以炒，可以单独吃，
> 也可以和其他的食物搭配在一起吃。

在河南省的淮河以南一带，糍粑是一种极其常见的食物，如商城、新县、潢川、光山等地，新年的时候，家家户户都要杀年猪、腌腊肉、打糍粑。

在过去物质生活匮乏的年代，糍粑只有在春节之际才能吃到，因此做糍粑也具有浓重的仪式感，那不仅是人们为了迎接即将到来的新年，更是人们对丰衣足食、幸福吉祥生活的期盼。如今，随着人们生活的富足，平日里随时都能吃到糍粑，但是自己动手做糍粑的人却越来越少了。

任何事情都有两面性。同很多日渐减少，甚至消失的传统食物一样，糍粑的象征意义在变淡，一些年轻人甚至淡忘了新年打糍粑的习俗；但与此同时，一些人将糍粑进行大批量生产，通过线上线下的销售，获得了它在现代社会中的市场利润。

过去，未必每家每户都能杀得起年猪，但做糍粑却是必不可少的。很多老年人、中年人应该记得昔日过年时打糍粑的盛景：妇女负责洗糯米、蒸糯米，男人负责捣糯米、打糍粑，全家合力，其乐融融。更有热闹者，全村男女老少齐出动，一起打糍粑，大人们进进出出地准备原材料，抬出各种工具；小孩子们则满心期待地在一旁守候，迫不及待想要吃到那洁白似雪、香甜软糯的美味，那可是馋了一年呢。

淮南一带盛产糯米，这种晶莹白亮的粮食如果用来做米饭，可能会稍显软腻，它更适合熬粥、做汤圆、酿米酒。而做成糍粑，则可将它软糯黏弹的特质发挥到最佳，口感柔软香甜，即便放置三个月都不怕坏，既好吃又便于储存。

每年腊月二十三小年前后，是做糍粑的最佳时机。人们会挑选上好的糯米，用心淘洗干净，放在锅中，添水，烧大火，把糯米蒸熟，制成类似米饭一样的米团。随后，一种重要的容器——石臼就该出场了。石臼大约半米高，中间有一个圆形的凹槽。将刚蒸好的、热气腾腾的糯米团倒进石臼，然后就开始了打糍粑的工序。

由于糯米的弹性极大，需要很大力的、长时间的反复捶打才能彻底融合，因此都是家中的男人来打糍粑。一时间，汉子们拿着大木槌，重重地向着石臼中间击打、捶捣。只见大槌被挥起、落下，伴着"嗨哟、嗨哟"的喊声和男人们的汗如雨下，还有小孩子们在一旁追逐嬉戏的打闹，打糍粑成为男女老少最开心、最热闹的场面。

过了一会儿，糯米越来越细、越来越黏，之前一粒粒米的形状彻底消失，全部融合成了一个大大的软团，糍粑就打好了。这时小孩子们一拥而上地抢着刚做好的糍粑，塞进嘴里，连同还冒着的热乎气咀嚼下咽，爽滑筋道的口感和内心真正的满足难以言表。

打好的糍粑要趁热压成形。人们找来干净的大面板，将糍粑揪成一个个的小团子，像擀面那样把糍粑擀成一指来厚的薄片。然后用重物压上一夜，等糍粑变凉变硬就好了。也可以擀成一整个大的薄片，放凉之后切成方块或长条食用；还可以将糍粑做成带馅儿的，在里面包上红豆、枣泥等等。

别小看一片小小的糍粑，吃法可是相当多的，可以煮，可以炸，可以煎，可以炒，可以单独吃，也可以和其他的食物搭配在一起吃。糯米的营养很丰富，含有蛋白质、脂肪、糖类、钙、磷、铁、维生素 B_1、维生素 B_2、烟酸及淀粉等多种营养成分，是温补强壮的食品。

新年走亲访友，每家主人都会端出糍粑招待客人，大家一同品尝美味的糍粑，也拉近了彼此之间的距离。

油煎糍粑是糍粑比较常见的做法之一。将洁白剔透的糍粑放在热油中，"吱吱"作响，慢慢地变成了金黄色，原本平平的表面被油温炙烤得微微鼓起，变得软软的、胀胀的，散发出糯米独有的淡雅清香，光是闻着就让人食指大动了。

糍粑煎好后，撒上一把白糖就可以吃，糖粒儿亮晶晶的，熔化在糍粑的热气中；咬上一口慢慢咀嚼，酥脆的表皮混合着软糯的内里，叠加的口感在唇齿间传递和流转，一直延续至肠胃深处。

说来也怪，世间的食物就是那样千姿百态，可以被人类以各种各样的方式呈现，进而获得不同层次的口感和味道。有时候仅仅是以最简单原始的方式，就能获得食物最天然的风味和营养，就像一个铅华洗尽、素衣淡裹的女子，反而显得超凡脱俗。

不过，随着时代的变迁，物质生活的丰富，食物的种类越来越多，糍粑也不再仅仅是过年才能吃到的珍贵食物。加上制作糍粑的机器的发明，可以一次性生产大批量的糍粑，再也不用费时费力地去做，做糍粑的人家也就越来越少了。过年几乎没有什么人家自己打糍粑，偶尔想吃的时候，更多的人选择去商店里买。

我小时候，街上还有摆摊卖糍粑的，一般是油炸白糍粑、炸红豆馅儿糍粑等，吃起来香香的、甜甜的、糯糯的，仍作为一种好吃的零食。而二十多年后的现在，再想找当年卖糍粑的街头小摊就很困难了，偶尔有一两个老爷爷会在身体好、天气好的时候出来卖一点炸糍粑，但也很难遇到。

现在的孩子，可以吃到的各种美味、零食、快餐实在是过于丰富，不再像过去的孩子那样只能在过年时吃点好吃的，因此对糍粑也就没有多么深刻的感情。反而一些老年人看到糍粑会觉得激动，买几块尝尝，重温下当年的味道，回味自己的童年。糍粑在人们食谱中的重要性，正在慢慢地变淡、变弱。

曾经看到过一篇新闻报道，说信阳有位老人，做糍粑、卖糍粑已经有六十多年了，他做的独具特色的红豆糍粑，曾经成为大家争相购买的美食，甚至成了当地响当当的招牌美食。也就是靠着卖糍粑，老人养活了自己和全家人。常有在外地工作，甚至在海外工作的信阳人回来专门买这位老人做的糍粑。老人做的糍粑美食可谓传遍天南海北，但是他也发愁，自己老了，儿孙们没有人愿意继承做糍粑的手艺，这么好的传统特色以后也许就要消失了。

在历史的进程中，由于各种原因而面临消失的传统美食绝不只有糍粑，像信阳地区的石凉粉，老北京的茶汤、豌豆黄，江南的糖粥、百花鸡，广东的太史菜系列，以及过去乡下的柴灶饭等等，都在即将消失的传统美食榜单上。即使有些食物并没有消失，可掌握传统手工技艺的人如今也所剩无几，不是厨师技艺不淳厚，就是用机器代替人工，人们几乎很难再吃到那些原汁原味的传统美食。

这是令人无奈的事实。在历史如江水一般滚滚前进的大潮中，必然有很多东西被淘汰出局，甚至被推翻重建。千百年来，食物作为人类赖以生存的东西，也在品种、外观、口味等各方面发生着巨大变化。过去，那一口打糍粑的石臼，也许就有着百年的历史，人们挥汗捶打的过程，要耗去很长时间，现代人很少愿意延续那样的制作程序，想吃的时候去买一点就好了。

在各种快节奏的生活中，人们也很少能够静下心来，像古人那般对食物进行精心研究，细细打磨。感叹着传统美食和技艺的消失，人们无力挽回，可又竭力追求。哪里有正宗的传统特色菜、特色小吃，哪里就有慕名前来想一尝那股地道味的食客。

不过，令人欣喜的是，听说信阳的糍粑在全国已经声名远扬，很多人争相购买。一些善于捕捉商机的信阳人，将做好的糍粑精美地包装起来，通过网络销售到全国各地乃至海外，不仅实现了利润创收，也使当地的土特产和文化在海内外传播。

糍粑

散发出糯米独有的淡雅清香，光是闻着就让人食指大动了。

开封灌汤包

一裹万种风情

> 有人说，吃灌汤包，汤汁是列在第一位的，肉馅儿次之，面皮再次之，由此可见汤汁在其中的灵魂作用。一座巍峨挺拔的高山，通常需要一汪清澈柔美的水相伴，灌汤包中的汤汁，就是这样以轻柔的姿态，把普通的包子变成了通透有灵气的食物。

河南省开封市，简称汴，古称汴梁、汴京，为多朝古都。开封已有两千七百多年的历史，是首批中国历史文化名城，历史上的开封有着"琪树明霞五凤楼，夷门自古帝王州"的美誉。特别是开封作为北宋时期最繁华的城市，被形容为"汴京富丽天下无"。

宋朝，是一个繁华的时代，清丽婉约的宋词流传千年，如梦如幻，一幅盛大浩瀚的《清明上河图》，一部翔实丰富的《东京梦华录》，让多少人沉醉在那个太平富庶、华光满路的时代流连忘返。

"出朱雀门，直至龙津桥，自州桥南去，当街水饭、爊肉、干脯。王楼前獾儿、野狐、肉脯、鸡。梅家鹿家鹅鸭鸡兔肚肺鳝鱼包子、鸡皮、腰肾、鸡碎，每个不过十五文。"《东京梦华录》中的这段文字描写了宋代的夜市，从那时起，宋人在饮食上就极尽丰盛。

吃得富贵，吃得精致，开封的很多美食都体现了这一特点。东坡肉、桶子鸡、炸八块、套四宝、五香羊蹄等菜肴，都是以肉类为主要材料，精心制作而成；而像小笼包、水煎包、花生糕、五香豆干、红薯泥、三鲜莲花酥等众多经典小食，则充分展示了开封美食精致细腻的特点。

其中最为有名的就是开封的灌汤包了，它既是过去的皇家食品，身份高贵；也是现在的民间美食，精致典雅。它几乎成为开封美食的代表，在《舌尖上的中国》等一系列美食节目中亮相后，甚至有不少资深吃货专门跑到开封，点几笼"第一楼"的灌汤包一饱口福。

包子是最常见的食物，开封灌汤包的历史能追溯到千年之前的宋代，当时叫灌浆馒头或灌汤包子，后来作为经典美食在中国人的餐桌上经久不衰、发扬光大。

顾名思义，灌汤包，有馅儿、有汤、有面皮。它是将鲜美的汤水与馅儿料一同裹进爽滑筋道的面皮，放入笼屉用大火蒸制而成。咬一口包子皮，嘬一口汤，再吃包子里的馅儿，实乃"面、汤、肉"一举三得。

有人说，吃灌汤包，汤汁是列在第一位的，肉馅儿次之，面皮再次之，由此可见汤汁在其中的灵魂作用。一座巍峨挺拔的高山，通常需要一汪清澈柔美的水相伴，灌汤包中的汤汁，就是这样以轻柔的姿态，把普通的包子变成了通透有灵气的食物。

灌汤包的汤汁是如何被包进去的呢？之前我一直很好奇，曾经猜想是包子做好以后再放进去的。后来才了解到，在包子成形之前，汤汁就已经在里面了。手艺高超的厨师，在包之前把肉冻放在馅儿中，包好以后经笼屉上火一蒸，肉冻化开而不漏；一些师傅会以水和馅儿，也是为了求得馅儿料的柔软鲜美和丰盈多汁。

灌汤包的皮则更是与众不同，因为它要承担起裹汤裹馅儿的重任，既不能漏汤也不能粘锅，还要在锅中很快蒸熟，这就对制作者的手艺提出了很高的要求。在一般情况下，三次加水、三次贴面，反复摔打，才能获得光滑洁白、弹力筋道的面团。将面团切成适当大小的面剂子，用擀面杖擀成薄薄的面皮，别看薄，却很结实，这样才能包裹住那丰富热烈的内核。

在开封，家家户户都爱吃灌汤包，很多巧手的主妇都会做，在大街小巷的餐馆酒店中，灌汤包也名列最受食客欢迎食物的榜首。

对于许多外地游客来说，他们较少有机会品尝到家庭自制的汤包，一般都会去餐馆、饭店寻找美食，开封第一楼的包子是其中最著名的。这里的汤包皮薄馅儿大、灌汤流油、软嫩鲜香、洁白光润，"提起像灯笼，放下似菊花"，不少人都以品尝这里的汤包为旅途中一大乐事。

在众目期待中，揭开笼屉的盖子，伴着袅袅升起的热气，一枚枚洁白晶莹的汤包就呈现在食客眼前。每个包子十八个褶，宛如一朵朵盛开的菊花，又像精心雕琢的艺术品。用筷子夹起一个包子，使其与底部的垫纸分离，轻轻地摇晃，能看见饱满的汤汁在其中流淌滚动，散发出肉与各种馅儿料、汤汁混合后特有的鲜香，引得人垂涎三尺。

灌汤包常常与醋搭配，略微发酸的口感既能提升包子的口味，又能很好地分解中和其中的油脂，让包子吃起来没那么腻。

想起大学时第一次吃灌汤包的笑话。同桌有两个男生性子急，夹起包子就往嘴里送，一大口咬下去之后，露出的不是满足陶醉的表情，而是痛苦难言的尴尬，原来是汤汁滚烫，他们一不留神"中招"了。

经开封本地同学的介绍，我们才知道吃灌汤包是有诀窍的，那便是：先开窗，后喝汤，一口吞，满口香。对待汤包一定要有耐心，要像鉴赏一件艺术品那样优雅。夹起包子放入小碟，用嘴在边沿小心翼翼地咬开一个小洞，对着里面的汤汁轻吹几口气，等不烫了，再吸吮其中的汤汁。喝完汤后再吃包子，一个包子下肚后，顿时觉得唇齿留香，神清气爽。

一些大号的灌汤包，被端上来时会专门配一支吸管，供食客既方便又文雅地享用其中的汤汁，可谓实用又贴心。开封人的饮食也生动地体现了当地人的性格和文化特征 —— 行事不骄不躁，做事力求完美。

和许多有名的食物一样，关于灌汤包也有与之有关的传说。相传六百多年前，朱元璋起义打天下，交战时士兵无暇吃饭，就同时给他们吃菜汤和包子，战士们吃完后觉得既填饱了肚子，喉咙也湿润了。后来人们就借着这个传说做出了灌汤包。当年的传说是否真实自然无从考证，但灌汤包这种美好的食物却在百姓的生活中流传开来，并且在外形、工艺、味道上有了进一步的发展。

20 世纪 20 年代，名厨黄继善创办了"第一点心馆"，主营灌汤包子。30 年代，他顺应市场需求，对包子的制作方式加以革新，通过"三硬三软"和面，使面皮富有弹性又筋道光滑。他还改大笼为小笼蒸制，随吃随蒸，既保持了包子的热度和形状的完美，又便于经营，备受顾客欢迎，此即灌汤小笼包子。

如今灌汤包的花样越来越多，形成鸡丁、笋丁、韭菜头、鱼仁、虾仁、山楂、三鲜、南荠、麻辣汤和灌汤等多种风味，甚至做成"速冻包子"销售。在我国，很多城市都有经营灌汤包的餐馆和饭店，以方便全国各地的食客能品尝到这种美食。

现在，江浙沪乃至广东等很多地方都有灌汤包，如南京的鸡鸣汤包、菊叶汤包，扬州的蟹黄汤包，上海的南翔小笼包，杭州的小笼汤包，广东的港式灌汤包等。据说这是由于宋朝南渡，把灌汤包的吃法带去了临安，逐渐在江浙演化成了小笼包，后来又经过各地的扩散和改良，成为很多南方人爱吃的美食。

在杭州，卖小笼汤包的店铺遍布大街小巷，成为当地人不可或缺的美食，而小笼汤包的做法与传统的开封灌汤包似乎别无二致。

在扬州，甚至有"早上皮包水，晚上水包皮"的说法。享受生活的扬州人，早上起来喜欢到茶楼喝茶，吃一笼灌汤包。啜着浓浓的汤汁，嚼着醇香的肉馅儿，以此开启美妙的一天。天涯何处不相逢，我想这其中也有食物的力量吧。

顺便说一下，在开封，像菊花一样的灌汤包好吃，而色彩明丽、朵朵饱满的菊花更好看。菊花是开封市的市花，早在宋朝，养菊之风就开始盛行，到今天更是形成了一千两百多个品种的养菊规模。

每年金秋十月，古都开封菊花满城、吐芳斗艳，还会举行规模盛大的菊花花会。徜徉于花海，令人目不暇接，不得不感叹如临仙境。相遇便是姹紫嫣红，有时间的话，来趟开封吧，带着你的相机，带着你的胃，和那里的美食、美景来一场盛大的约会。

灌汤包

它既是过去的皇家食品，身份高贵；也是现在的民间美食，精致典雅。

灌汤包的做法

食材：面粉、猪肉馅儿、葱、姜、盐、生抽、老抽、味精、香油、高汤（或水）。

1. 将适量面粉倒入面盆中，再倒入适量水，用手搅拌。

2. 继续经过三次加水、三次贴面，反复摔打，使其成为光滑又有弹性的面团。放置一会儿，饧面，得到软硬适中的面团。

3. 将葱和姜剁成末儿倒入猪肉馅儿中，再依据个人口味加盐、生抽、老抽、味精、香油等作料。

4. 开始搅拌，使作料和肉馅儿充分混合。然后加入高汤（或水），再快速、使劲地用手朝着一个方向搅拌，让馅儿料和高汤（或水）完全融为一体。

5. 把饧好的面团切开，揉成长条，再用刀切成大小一致的面剂子，撒上面粉，用擀面杖擀制成圆形的面皮。

6. 在面皮中间放入馅儿料，捏合，要均匀地捏出十八个褶子，这样的包子不仅外形美观而且密封结实，真正做到了不漏汤。

7. 包子全部包好以后，放入笼屉准备蒸，因为蒸的时候包子的体积会膨胀，所以包子之间要留出一定的距离，用大火蒸约十分钟即可。不要蒸得太久，否则馅儿料就丧失了最佳的口感，汤汁也会变少。

小贴士

小笼灌汤包一定要趁热吃，也可以配一点醋提味，这样口感更鲜。

红焖羊肉

好肉好汤满口妙

　　将羊肉捞出、装盘，只见一块块羊肉呈现出琥珀般的光泽，肉块厚实，纹理清晰，而一些羊筋、肥肉的部分则变成了褐色的透明状，让人忍不住想咬上一口，享受那入口即化的感觉。

　　羊肉质地细腻，味道鲜美，是国人餐桌上的明星食材之一。

　　蒸、煮、煎、炒、熏、炖、煨、涮、拌、炸……大江南北，羊肉有着千变万化的做法。在内蒙古，人们喜欢吃煮羊肉；在新疆，将羊肉切块撒上孜然，就变成美味的羊肉串；在青海等高原地带，一锅清炖羊肉则能很好地抵御冬日的严寒；在宁夏等西北地区，手抓羊肉带着粗犷的风味，散发着食物与个性的豪情。

据说，红焖羊肉这道菜是由一位酷爱美食的老兵李武卿先生创制的，他当年在四川时就遍尝蜀中火锅美味，后来又北上京城，经常到东来顺涮羊肉一饱口福。爱吃也爱琢磨的他常常想：要是能把这一南一北两大火锅的美味结合到一块儿，说不定会产生一种新的美食，也会更适合中原人的口味。

　　于是，美味的红焖羊肉应运而生了。由于它肉质鲜嫩、汤香浓郁，便迅速风靡全国，新乡、郑州等地甚至一度出现了"红焖炊烟浩荡处，今日早市没有羊"的奇特景观。

　　新乡地处中原腹地，物产丰富，交通便利，有着"豫北明珠"的美称。千百年的厚重文化，造就了新乡海纳百川、色彩斑斓的饮食文化，这一点在红焖羊肉这道菜上也得到了充分体现。红焖羊肉选用上好的羊后腿肉，加入数十种香料，在砂锅中小火慢炖数小时，香料的清香很好地消除了羊肉中的膻味，只留下香和鲜的美感。

　　做红焖羊肉讲究火候、辅料、配料、吃法等，这样才能获得"上口筋，筋而酥，酥而烂，一口吃到爽"的纯正之味。

　　据《本草纲目》记载，羊肉，性温，补气滋阴，暖中补虚，开胃健身，是可正气祛邪、治畏寒怕热、补元阳、益血气的滋补之品，对寒暑侵袭、冷热不均、四肢无力、产病后虚弱有奇效。故传统中医学又有"人参补气，羊肉补形"之论。

新乡人从不吝啬对羊肉的赞美和喜爱。走在新乡的街头，各种红焖羊肉馆比比皆是。人们可以在最火的店门口排队等两个小时，只为吃一锅最正宗的美味。

好的红焖羊肉，对于食材、用料、火候等各个环节都有着严格的要求，一般会选用上好的羊肉，切成大小合适的小块，加冰糖炒色，然后再加入花椒、桂皮、香叶等数十种作料，炖上三四个小时。经过漫长而精心的"生炒、大炖"过程，香料的味道全部融进羊肉中，而厨师的心意也仿佛经由时间全部注入锅里的美味之中，羊肉变得酥烂香软，诱人的香气弥漫着整个厨房。

将羊肉捞出、装盘，只见一块块羊肉呈现出琥珀般的光泽，肉块厚实，纹理清晰，而一些羊筋、肥肉的部分则变成了褐色的透明状，让人忍不住想咬上一口，享受那入口即化的感觉。

然而此时，并不能即刻享用这样的美味。好的东西需要锦上添花，好的食物也需要装入合适的容器。吃新乡红焖羊肉还需要一道最为重要的工序，也是它最有特点的工序——将焖好的羊肉倒入火锅，涮着吃。服务员会为食客端上大铜锅，和老北京涮火锅里常见的大铜锅几乎一模一样，点火，加汤，然后把羊肉涮入锅中。

在沸腾的汤底中，一块块羊肉在其中轻快地飞舞着，喊你来品尝它的鲜美。夹起一块尝一下，"嗯，真香！"这是第一感觉。然后慢慢地咀嚼，虽然酥烂却不失筋道，瘦而不柴，肥而不腻，各种香味完美调和，咸甜适中又伴着微辣，真是爽口！

不同于一般的涮火锅，红焖羊肉锅里的汤可以喝，并且还很有讲究。基本上所有豫菜都要经过精心的制汤过程，大厨们认为精工慢煮，最后成就的汤其实是菜的灵魂，蕴含了全部营养精华。

红焖羊肉同样经过精心的吊汤过程，加入了秘制的底料，既鲜美醇厚，又营养滋补。寒冷的冬日，吃一口羊肉，喝一口热汤，这场与美食的约会让人获得了从口舌到内心的通身舒畅。

只吃羊肉？不不不，这么好的汤又怎能浪费呢？待吃到酒酣耳热，再用锅里的原汁涮其他食材，青菜、面筋、豆腐、粉条、丸子、香菜……各种配菜，随心所欲地涮吧，减肥的事情以后再说！

既然提到了老北京的涮火锅和川蜀的麻辣火锅，顺便对各地的火锅多说几句。首先是老北京的涮羊肉火锅，据说起源于元代，与蒙古人一起从塞外来到京城的，也包括他们所喜爱的美食——涮羊肉。

在寒风刺骨的冬日里，一口精致的大铜锅，燃烧的木炭"噼啪"作响，锅内烧着滚沸的清澈汤底，葱、姜、红辣椒、干虾、枸杞、红枣等配料煮出了鲜美的味道。红白相间的羊肉卷被装在白色的盘子里，迫不及待地想要赶赴与热汤的约会。抓上几片放入锅中，抖上几抖的工夫，肉就熟了。蘸上麻酱、韭菜花、腐乳等调料，即可享受美食。呼朋唤友、大快朵颐，羊肉吃的就是这份豪爽和惬意。

重庆麻辣火锅，麻得劲爽，辣得过瘾。以干辣椒加上多种作料炒制成香辣爆爽、口感丰富的底料，加汤煮沸，红油中泛着光泽，可以涮入毛肚、肝、腰等内脏，以及新鲜的时令蔬菜。

由于食材的丰富，口味的多元，重庆火锅常常在锅内分成不同的格子和区域，常见的有鸳鸯锅、锅中锅、井字格等。重庆火锅已经成为重庆城市文化的名片，在全国广泛流行，被无数爱好美食的食客推崇和追随，他们享受着鲜辣红火的美味，直呼辣得过瘾，甚至被辣出眼泪也要不停地吃下去。

广式火锅"打边炉"，顾名思义就是一群人围着煮火锅的炉子，做出敲击、涮火锅的动作。"打边炉"一词在清代《广东通志》里已出现，"冬至围炉而吃曰打边炉"。砂锅或是瓦罐里煮着清淡的汤底，一家人站立着围成一圈，享受着涮食的乐趣。

现代社会，打边炉发展成大众化的广式火锅，容器可以换成金属火锅，站立也改成了围坐，汤底可以是清水，也可以加入高汤，主要食材是生鱼片、鱿鱼片、生虾片等海鲜，也比较符合南方人清淡的口味和养生的需求。

菊花火锅应该是最有诗意的火锅了。相传陶渊明十分爱菊，曾写下"采菊东篱下，悠然见南山"的诗句。有一次，他突发奇想，将菊花放入火锅中，竟获得了清香提神的口感和功效。

在清代，善于养生又爱美的慈禧太后视菊花火锅为秋冬最爱，因此它盛行于宫廷。后菊花火锅传入开封，开封盛产菊花，在原料上有着得天独厚的优势。再后来，菊花火锅也流传到了苏杭一带，备受当地人的喜爱并获得推广。

菊花火锅常以鸡汤为汤底，撒入丝丝白菊花花瓣，待清香渗入汤内后，涮入肉片、鸡片、鱼片等，清香四溢，芬芳雅致。适合二三友人，小酌几杯，谈诗说词，细细品味。

红焖羊肉

沸腾的汤底中，
一块块羊肉在其中轻快地飞舞着，
喊你来品尝它的鲜美。

红焖羊肉 的 做法

食材:羊后腿肉、胡萝卜、土豆、葱、姜、香叶、桂皮、八角、干辣椒、盐、生抽、老抽、料酒、冰糖、食用油。

1 将羊肉切成小块,放到盛有清水的锅中,然后放一块姜和适量料酒,煮开约两分钟后捞出,洗净上面的血沫儿。

2 烧热炒锅后倒入适量食用油,将切成段的葱和切成块的姜爆香,接着倒入焯好的羊肉块煸炒出香味,再倒入适量的生抽、老抽和料酒炒匀。

3 将炒好的羊肉块全部倒入高压锅中,加入盐、冰糖、香叶、桂皮、八角、干辣椒等,再加入一些开水,焖煮约二十五分钟。

4 在焖煮时,将土豆和胡萝卜去皮切成块,再在炒锅中放入一小勺食用油,油热后,倒入土豆块和胡萝卜块煸炒两分钟。

5 将焖煮过的羊肉及汤汁一起倒入炒锅,煮五分钟后便可装盘出锅。

胡辣汤

一碗下肚任逍遥

　　胡辣汤，是河南小吃系列中的一绝，汤中有花椒、胡椒、生姜等多种食材散发出的辣味，各种辣味和辛香完美调和，口感酸爽热辣、醇香浓郁，令人通身舒畅，欲罢不能。

　　胡辣汤广泛流行于河南、陕西及其周边各地，是北方人早餐中的一道很有名的汤类小吃。根据不同地区人们的饮食风格，在用料、口味上有所不同，胡辣汤也形成了几个派系，如逍遥胡辣汤、驻马店胡辣汤、开封胡辣汤、信阳胡辣汤、北舞渡胡辣汤等。

　　"河南有个西华乡，全国闻名胡辣汤……"电影《胡辣汤》详细地讲述了这道中华传统民间美食的魅力。影片中故事的发生地位于河南省周口市西华县逍遥镇，是公认的胡辣汤发源地。

胡辣汤，是河南小吃系列中的一绝，汤中有花椒、胡椒、生姜等多种食材散发出的辣味，各种辣味和辛香完美调和，口感酸爽热辣、醇香浓郁，令人通身舒畅，欲罢不能。

天还没亮，做汤的大师傅已经开始在厨房中忙碌。叮叮当当，是剁骨头、切肉的声音。

将牛、羊肉及骨头放入一口大锅中，大火煮五分钟后捞出，称为"过水"，这是为了去除肉的腥味。接下来是用骨头煮高汤。将捞出的肉放至冷却，切成薄片备用。

其他需要准备的食材还有木耳、面筋、黄花菜、粉丝、大葱、生姜……而另一边的桌子上则放着二十多个瓶瓶罐罐，分别盛着丁香、八角、桂皮、胡椒、枸杞等作料。

一锅好的胡辣汤，首先选材要好，其次用料要足，再次工序不能省。仅是洗面筋就要洗好几遍，直到最后出来的水是清澈的，面筋才能有足够的弹性。上好的材料需要慢火熬制，在数个小时的等待里慢慢地碰撞、融合，以便在清晨烹制出一锅香气四溢的纯正胡辣汤。

早餐时间，食客来到店内，点一碗胡辣汤，包子或油条是它的好搭档，绝对营养健康又美味可口。

在热气氤氲的白瓷大碗内，盛着褐色的胡辣汤，晶莹浓亮，经过淀粉勾芡，已呈现出黏稠的质地；其中的用料也很足，面筋、粉条、木耳、黄花菜等占了很大分量。

舀起一勺品尝，第一感觉是有点酸，然后会感觉有点辣，有点咸，又有点香……喜欢味道更刺激一点的，还可以加点香油、陈醋或是辣椒油，保证能获得更劲爆的口感。

这一碗汤，如此美妙复杂的口感，如此这般包罗万象，怪不得喝过的人皆称赞它"妙、奇、神"，给人以愉悦逍遥之感；也怪不得有些忠实的食客，一喝就是几十年。

他们边喝汤边聊天，听听广播、说说好笑的段子，分享共同感兴趣的话题，愉悦的一天就在这酸辣舒爽的"过把瘾"中开始了。有什么不舒服的小毛病，有什么不愉快的闹心事，一碗胡辣汤下肚，世间一切都成为浮云，真的是"唯有爱与美食不可辜负"。

胡辣汤有多香？电影中有一个令我印象很深的场景。主人公的孙子要吃肯德基，但爷爷并不爱吃。于是，孙子啃着炸鸡喝着可乐，而爷爷在一旁打开保温桶，喝起了胡辣汤。香味四溢，居然把周围的食客都吸引过来，纷纷询问这是什么食物，太香了。

喝过正宗胡辣汤的人，一定不会怀疑那种香味的真实性，确实太诱人了。记得我上小学时，有一天早上很早就到了教室，有道作业题不会做，就问同桌的班长。他给我讲着题，突然停了下来，朝教室后面看去，我也跟着向后看，很快就闻到一股胡辣汤的香味。

原来有个同学没吃早饭，他的妈妈用饭盒给他带了小笼包和胡辣汤，此刻他正在大快朵颐。他喝一口汤、咬一口小笼包，可能是觉得不过瘾，他干脆把小笼包泡在汤里，用筷子夹着一起吃，于是小笼包和胡辣汤的香气混合在一起，飘荡在当时那间小小的教室内，几乎全班同学都被吸引住了。

最后，在大家艳羡的目光里，那位同学喝完了最后一口胡辣汤，盖上饭盒，这场"香味风波"才算结束。直到现在，一想起那个情景，我肚里的馋虫就会被勾出来，真是太难忘了。

也难怪胡辣汤会这么香。据说正宗的胡辣汤，是以小麦面粉、熟牛肉或羊肉为主，佐以砂仁、花椒、胡椒、桂皮、白芷、山柰、甘草、木香、豆蔻、草果、良姜、大茴、小茴、丁香等三十余种纯天然植物香料，根据不同的配比混合熬制而成。

看似简单的一碗汤，其实是包藏天地于方寸之内。这一点与河南的很多美食相同，如烩面等，都是看起来简单，做起来复杂，数十样原料，数十道工序，综合汤、面、菜、肉的精华，给人味觉上的满足，也给人身体上的滋养。

据说，胡辣汤不仅香辣扑鼻、美味可口，而且具有健脾开胃、祛风驱寒、调中和气的特点。有的大师傅会在汤里加上人参等名贵药材，制成传说中过去只有皇帝才能喝的"金汤"，更是胡辣汤极品中的极品，非常滋补。

有一次回家，看见厨房里多了很多胡椒、花椒、茴香等作料，每样都有十几包，便好奇地问妈妈这是要做什么。原来是二姨家的表弟和弟妹给的，他们夫妻打算开一家主营胡辣汤的早点铺，买了好多作料，用不完的就分给亲戚们了。我那位弟妹是平顶山人，当地的胡辣汤也很有名，她之前回去学了几个月的时间，计划在信阳也开一家店卖胡辣汤。

一如家乡很多心怀梦想的年轻人，无论起点如何低微、条件如何不利，也始终没有放弃想要飞翔的愿望。一些初中毕业不得不辍学的女孩子，在外出打工的同时自学成才，通过考试、求职，成为年薪十多万的白领；有些人在南方等经济发达的城市工作，积累了很多人脉、资源，拥有了自己的工厂和员工团队，甚至把生意做到国外。

奋斗的过程中有多少困难、挫折、艰苦、险阻，自不必说。就像一碗胡辣汤，数十种原材料装入一口大锅，慢火细熬五个小时，要经历如此的火熬热炼才能脱胎换骨，成就正宗地道的美汤。

胡辣汤

这一碗汤，如此美妙复杂的口感，如此这般包罗万象，怪不得喝过的人皆称赞它「妙、奇、神」。

胡辣汤 的 做法

食材：高汤、面筋、粉丝、木耳、黄花菜、熟的牛肉片（或羊肉片）、胡椒粉、生姜粉、十三香、盐、味精、香油、辣椒油、淀粉。

1　把高汤煮开后，将面筋、粉丝、木耳、黄花菜、熟肉片倒入其中煮十几分钟。

2　接着加入胡椒粉、生姜粉、十三香、盐、淀粉等，搅匀后再加点味精。

3　最后再淋上一点香油和辣椒油即可食用。

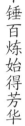

花生糕 千锤百炼始得芳华

　　开封花生糕，是将花生辅以白糖、饴糖等，经过熬糖、拨糖、垫花生面、刀切成形等工序制成。听上去并不复杂，但做好并不容易，因为要有上好的原材料，还要有丰富的经验和足够的耐心，在千百次的捶打中才能获得那口味纯正的成品。

　　来一趟古都开封，除了要尝尝闻名天下的灌汤包，另外一种必吃的美食就是花生糕了。无论是旅游景点还是平常小巷，随便找一家小商店，几乎都有卖花生糕的。

　　这种有着六百多年传统的宫廷膳食，已经成为现代开封民间美食的一个代表，它形状细长，触感疏松，口感细腻。但它的制作过程却是复杂的，需要经过一次又一次的捶打，才能得到这晶莹剔透、香气四溢的成品，像极了开封千年城市变迁延续的历史。

尝过花生糕，你一定会爱上它，不仅自己买来吃，临走时还要捎上许多带给亲友分享。因为这是繁华的味道，是沧桑的味道，也是亘古的味道。

第一次见到开封的花生糕，就被这种小吃的魅力打动了。黄色的油纸被包成四四方方的形状，上面贴着大红色的标签，好像传统的年画一般，用细细的麻绳系着，呈现出古香古色的感觉，仿佛从古代的集市穿越到了现代。

打开之后，一股甜香的气息扑面而来，那是码得整整齐齐的花生糕，颜色金黄，质地均匀，被切成细细的长条，每一条都有丰富的层次，又被密密麻麻的丝网牵连，边缘处露着些许花生碎末儿，让你觉得亲切不已。禁不住用手拿起一块，发现它非常酥脆，几乎轻轻一点就能折断；放进嘴里品尝，质地细腻，入口即化。带着花生的清香，带着糖浆的醇厚，在唇齿间回味无穷。

花生被称为"地下苹果"，有"长生果"的美称，它营养丰富，含丰富的蛋白质以及多种维生素。在开封有闻名的"沙区三大宝"：花生、西瓜和大枣。开封花生以粒饱、果大、皮薄、味香、产量高、种植面积大在全国一枝独秀，使开封成为九州驰名的"花生王国"。

九月份以后，在一望无际的田地里，一颗一颗花生已经在泥土中成熟，迫不及待地想要出来展示它饱满的果实。

挖出褐色的花生，剥开硬壳，能看到里面柔红色的花生仁，像初生的婴儿般红润透亮。经过阳光的照射，风露的吹拂，晾干的花生变得更加坚硬，包裹的外衣也变成深红色，果仁脆生生的，这便是制作花生糕的上好原材料。

开封花生糕，是将花生辅以白糖、饴糖等，经过熬糖、拨糖、垫花生面、刀切成形等工序制成。听上去并不复杂，但做好并不容易，因为要有上好的原材料，还要有丰富的经验和足够的耐心，在千百次的捶打中才能获得那口味纯正的成品。

做花生糕离不开四大件：一个木墩子，一个木槌，一口锅和一把刀。老手艺人会先将花生炒制成熟，去皮，掰成两半，以便每一颗花生都能均匀地蘸上糖浆。一般包饺子时为了防止面片粘连在一起，会在面板上撒一层面粉。做花生糕也一样，要事先在墩子上撒一层花生，用大槌碾碎，作为铺底，可以避免糖浆黏在上面。然后是熬制糖稀给花生挂糖的过程。

大锅中加水加糖，将水和糖小火慢熬成棕色透亮的颜色。加入花生，充分地搅拌，均匀地挂糖。接下来就是捶打花生团的过程了。把挂好糖的花生放在墩子中间，用槌反复砸，越砸越有弹性。

最后，把花生团放到案板上，弄成长条形，趁着糖还是热乎的时候，再拉伸成比较薄的长条，厚度约三厘米，用快刀切成片，晾至变凉以后，花生糕就做成了。

这样用纯手工制作出来的花生糕，味道独特又醇厚，是机器制作难以复制和媲美的。

吃过一次花生糕后，我就对它的味道念念不忘。心心念念去一次开封，简单收拾好行装，和几个大学好友一起，坐着古老的绿皮火车启程了。近一个小时的车程过后到达开封车站，立刻感受到这座古都厚重沧桑的气息。

与郑州相比，开封色调古朴、细腻精致又不失皇城的庄严大气。一座座保存完好的历史建筑，述说着千年帝王久居之都的似锦繁华；一处处精神焕发的高楼大厦，又展示着现代文明的朝气蓬勃。

宋都御街是我们必打卡的地方。现在的御街是在原御街遗址上新建的，这座仿宋商业街上有着众多古香古色的建筑，阁楼亭台上的楹联匾额、幌子字号都是宋代风格，文化气息十足。琳琅满目的店铺，经营着古玩、字画等传统商品，也有不少开封土特名产。

我一下子就看到了其中的花生糕，它们被摆在店里最显眼的位置，包装得方正古朴，除了原味的之外，还有核桃、芝麻、杏仁、桂花、椒盐等多种口味，受到众多游客的青睐。

提起开封，不得不提的是那幅传世名画《清明上河图》。北宋画家张择端，用精细的笔触描绘了城内及近郊物阜民丰、兴旺繁荣的景象，栩栩如生地反映出当时社会各阶层的生活情态。这幅五米多长的画卷，令后人发出"一朝步入画卷，一日梦回千年"的感慨。

以《清明上河图》为蓝本，开封市政府兴建了一座大型的宋代历史文化主题公园——清明上河园，集中展示了宋朝的市井文化、民俗风情、皇家园林等，再现了古都汴京千年繁华的胜景，这也是人们去开封的必游景点。清明上河园占地六百余亩，行走于其中，看那拂云阁、宣德殿与宣和殿，感受皇家建筑的端庄和精细，乘船舫游览三千八百米的汴河，北宋都城的繁华和旖旎如烟波流转。

园区还集中展现了宋代诸如酒楼、茶肆、当铺以及汴绣、官瓷、年画等现场制作的艺术品，还有民间游艺、杂耍、盘鼓表演以及博彩、斗鸡、斗狗等民俗风情活动，让游客仿佛身临其境，梦回大宋。

"开封城，城摞城，地下埋有几座城？龙亭宫，宫摞宫，潘杨湖底几座宫？"这是对开封这座历史名城形象的概括。

因为开封离黄河很近，黄河的泛滥，泥沙的淤积，多次淹没了开封城中的宫殿和建筑。百折不屈的开封人，一次又一次地在被埋没的原址上重建，使得开封城几经磨难，始终屹立不倒，其繁华得以延续千年。

在开封城下共埋有六座城，这些城池按照时代由早到晚，递层式自下而上地叠压在了一起，构成了开封"城下城""城摞城"的奇特景观，在中国乃至世界，像开封这样的城市极为罕见。

"古巷的忧郁，写下琵琶的旋律，飘逸的外衣，街上叫卖的小曲，仿佛隔空变换到那里，一切模糊又清晰，几秒钟的世界，感叹不平凡的意义。"现代人创作了名为《清明上河图》的歌曲，轻轻吟唱，"多少能人将相，书画三千里，上河图雕琢的意义。"

开封之行结束时，我的思绪远远没有停止。面对这座千年古城，我有着太多的震撼和钦佩。作为千年都城，它虎踞龙盘，似锦繁华；却由于地理位置等历经磨难，多次被淹没。在一次次百折不挠的重建中，开封城获得生生不息的延续，才使得我们后人能有幸身临其境，感受它的辉煌盛大，花好月圆。

开封人对于自己的历史和传统，有着近乎固执的坚守。我又想到了那一块块方方正正的花生糕，开封真的如同这花生糕一样，经历千锤百炼，韵味悠长。正所谓"不经一番寒彻骨，怎得梅花扑鼻香"。

同时，花生是低调朴实的果实，尽管浑身是宝，却不招摇、不傲娇，默默地向世人贡献它的营养。开封也是这样一座既奢华又低调的城市，以千百年的厚重历史，为中原乃至全国输送着中华文明的精神力量。滋养，也许这就是它的使命和意义。

花生糕

带着花生的清香，
带着糖浆的醇厚，
在唇齿间回味无穷。

鸡蛋灌饼

让平凡美丽成诗

　　经过发展、创新，鸡蛋灌饼有了全新的做法，可以在面饼上面涂酱，夹生菜、土豆丝、豆腐丝、烤肠、鸡柳……只要你想吃，都可以随意搭配。咬上一口，面饼焦脆筋道，鸡蛋香甜暄腾，微微点缀的酱像是花儿不可或缺的绿叶，咸中带点微辣，提升了灌饼的口感。

　　鸡蛋灌饼，是河南常见的一种食物，有说起源于安阳，有说起源于信阳，还有说起源于洛阳……有人开玩笑说，河南有多少个带"阳"的地名，就有多少个吃鸡蛋灌饼的地方。这足见鸡蛋灌饼在河南的流行程度。

　　河北有驴肉火烧，河南有鸡蛋灌饼。而且同很多有名的小吃一样，鸡蛋灌饼已经冲出河南走向全国。在很多城市的大街小巷，在流动的早点车上，鸡蛋灌饼正带着亲切的微笑向食客招手。

鸡蛋灌饼作为一种朴素亲民的小吃，街头巷尾随处可见。在简易的早点车上，摊主拿出提前和好的面团，揪下一个面剂子，搓成圆团，用擀面杖擀成圆形的薄面饼；另一边，在铁板上倒上适量油，待烧热后将面饼贴上去，面在油的加热下慢慢膨胀，只听见"嗞啦嗞啦"的声音划破清晨的宁静。

功夫纯熟的摊主怎会浪费这等待的时间，他们会迅速敲开一个鸡蛋，顺时针方向搅拌，并撒上食盐、葱花，筷子搅动敲击瓷碗发出"叮叮当当"的响声，为这清晨鸣奏曲再和一声。

慢慢地，面饼烤成型，中间也隐约分成了两层。拿一双筷子或是一柄锋利的小铁铲，在饼的中央戳一个小洞，倒入搅拌均匀的蛋液。然后不停地翻动，在油的催化下，鸡蛋与面饼紧密贴合，之前戳破的小洞找不到了。偶尔有一丝鸡蛋液调皮地从中探露出来，黏在面饼上，像一朵俏皮可爱的黄色小花，装饰着那金黄色的表皮，散发出诱人的咸香气息。

整个制作过程如行云流水般一气呵成，一个做好的鸡蛋灌饼，就这样呈现在人们面前。外焦里嫩这个词，简直就是专为鸡蛋灌饼造的，你看那金脆焦黄的饼皮，夹着酥香柔软的鸡蛋，晶亮的油珠在其中乍隐乍现，谁又会不为它心动呢？

大众的口味，实惠的价格，让鸡蛋灌饼迅速红遍全国，成为很多人的早餐伴侣。经过发展、创新，鸡蛋灌饼有了全新的做法，可以在面饼上面涂酱，夹生菜、土豆丝、豆腐丝、烤肠、鸡柳……只要你想吃，都可以随意搭配。咬上一口，面饼焦脆筋道，鸡蛋香甜暄腾，微微点缀的酱像是花儿不可或缺的绿叶，咸中带点微辣，提升了灌饼的口感。

青翠饱满的生菜，嫩得能掐出水来，它是维生素的重要来源；夹在中间的烤肠不仅酥脆耐嚼，更能提供充分的营养和热量。

这样的食物简直令人无法抗拒，直入内心。上班路上，公交车、地铁站、写字楼、办公室，上班族拎着一个鸡蛋灌饼开始了一天的工作；大学校园，食堂里、教室里，学生们吃着鸡蛋灌饼开始了一天的学习……一年之计在于春，一天之计在于晨，吃着美好的食物，人们就这样不动声色地把平凡的日子过成诗篇，在岁月中走到天荒地老。

生活像一张饼皮，就看你往里面灌入什么，如何调味。高中的时候，学校后门有一条小吃街，常年售卖凉皮、鸡蛋灌饼、炒面、炒饼、烤串、麻辣烫、奶茶、豆浆等各式小吃。

那个年代，吃腻了食堂或是家中的饭菜，我们会去那里买个烤串，点个土豆粉，换个口味过过嘴瘾。我有一段时间因为学习太过忙碌而选择了住校，一日三餐都在学校解决，因此在小吃街吃饭的概率就更高了。

常吃的有一家，是一个中年阿姨在卖，她家用料很不错，面和油的质量都很好，味道也很香。紧张的早自习结束之后，跑去她家排队买一个鸡蛋灌饼，再来一杯豆浆，一共才两块钱，就能吃得很饱，为一个上午四整堂课的学习提供充足的能量。

那个卖鸡蛋灌饼的阿姨家生意非常好。她的儿子跟我同校，成绩也不错，并且非常懂事。只要学习不忙的时候，他都会去他母亲的摊位前帮忙。那是一个用三轮车改成的早点摊位，一个液化气罐，一个铁板，架子上几个装拌菜的塑料盒和调料瓶，基本构成了摊位的全部。

这位阿姨四十来岁，常穿一件黑色棉袄，头上裹着一条暗红色围巾，朴素无华，却也干净利落。她动作麻利，揉面、擀饼、灌鸡蛋……两三分钟的工夫，一个鸡蛋灌饼就做好了。一旁的儿子早就拿出塑料袋，帮忙把新鲜出炉的饼装进去，递给顾客。

母子二人的配合堪称天衣无缝，在冬日的早晨，一辆干净整洁的早点车，一个手艺纯熟的妇女，还有一个身穿校服的少年，他们真诚的笑容与不停翻飞起伏的鸡蛋灌饼，构成了非常特别又温馨的画面。

　　生活撕开全是补丁，注入勤奋又是一番新境地，犹如一个鸡蛋灌饼的产生过程。那个男孩家境贫苦，靠着母亲摆摊读完了高中，后来考上了一所不错的大学，依靠各种奖学金和勤工俭学，不仅顺利完成了学业，也让自己和家人衣食无忧。他的母亲早已不在学校门口摆摊了，听说是去了儿子工作的地方享清福。他们的奋斗史，是很多河南人的写照。

　　许多小贩走南闯北，到大城市摆摊卖小吃，或者开起了餐馆饭店，在无数个异乡的大街小巷，用自己的勤劳努力辛苦谋生，也为当地的人们提供饕餮美食。他们起点不高，优势不大，却凭着智慧和勤劳，让一点点的小梦想生根、发芽。

　　去年正月初十，在老家过完春节，我乘坐一列由信阳始发的火车回天津。长长的卧铺车厢里全是从信阳直达天津的旅客，彼时已经过了上班族返程的高峰，旅客中几乎全是在天津做生意的信阳小贩，他们拖家带口、三五成群，很多人都是亲戚或者彼此熟识。

　　他们热烈地用方言聊天，分享在老家过年的见闻和趣事，也交流着在天津生活的近况。他们大多是没什么学历也没什么技术的中年人，经由亲友的联系和介绍，依靠自己会做美食的手艺，在城市里做点小买卖，多是卖早点、卖麻辣烫、卖烧烤、开菜馆等。

我的下铺是一个中年男人，他穿着崭新的皮夹克，招呼同伴尝尝他捎来的毛尖茶；他的妻子染着酒红色的头发，戴着一对明晃晃的金耳坠，颔首微笑间有种特别的光彩，那应该是她的年龄比较流行的打扮。

她跟我说："我们在天津的一所大学附近摆摊卖小吃，已经有六七年了。早上卖鸡蛋灌饼、大饼鸡蛋、手抓饼、烧饼里脊；中午就做米线、蛋炒饭、炒河粉、炒面、烤冷面。每天虽然非常忙碌，但生意挺好的，也能赚点钱，这些年在老家还买了新房，生活改善了不少。你看我们家老二就是在天津出生长大的，现在都五岁多了。"

那是个漂亮的小姑娘，穿一双红色的小靴子在车厢里跑来跑去，说着很标准的普通话，她跟别人介绍："我们的幼儿园可好了，老师教我们很多儿歌，还有舞蹈。"小姑娘显然对城市的教育很满意，她说："我还要在那里上小学、上大学！"小姑娘的话令车厢里的老乡们忍俊不禁。

我们的生活里有太多这样看上去再平凡不过的普通人，但他们不会自怨自艾，而是用勤劳的双手创造机会，通过一代又一代人的努力，改善生活的境遇，实现内心的梦想，让一切平凡终究变得不平凡起来。

鸡蛋灌饼

你看那金脆焦黄的饼皮，
夹着酥香柔软的鸡蛋，
晶亮的油珠在其中乍隐乍现，
谁又会不为它心动呢？

鸡蛋灌饼 的 做法

食材：面粉、水、盐、鸡蛋、食用油。

1   温开水中加适量的盐，溶解后，分次倒入面粉中，
     这样和出的面既柔软又筋道。注意水要一点一点加，
     这样才容易控制水和面粉的比例。

2   把揉成的光滑面团放置二十分钟。

3   饧好的面变得特别柔软，用手能很轻易地揪下来。
     分成一个个比鸡蛋略大一点的小面团即可。

4   将小面团揉成光滑的圆形，再用擀面杖擀成薄薄的
     长条形，然后在上面均匀地抹上一层食用油。

5   将长条形面片从一端一点点地卷到另一端，然后把
     卷好的面团竖起来，用手掌往下按平，再擀成约三
     毫米厚的薄饼。

6   锅烧热以后倒食用油，再放上薄饼烙制，看到饼的
     中间鼓起时，用筷子戳一个小洞，倒入鸡蛋液。

7   继续烙制，注意翻面，到饼的两面都变为金黄色时
     可以起出来。

小贴士

依据个人口味，在饼上抹上甜面酱、香辣酱或番茄
酱等，可夹入生菜、土豆丝、豆皮等配菜，也可夹
入烤肠，卷起即可食用。

扣碗酥肉

反转的艺术

　　油花莹莹的汤面上，一块块金黄色的小酥肉浮于其上，点缀着绿色的菜叶、红色的辣椒，看上去如同碧湖中盛开的花朵。用筷子轻轻拨动，一朵朵"花儿"随之缓缓舞动，如同微风吹过，湖面涟漪圈圈点点，散发出肉类与淀粉、蔬菜混合后的香气，令人心旌摇曳，想一尝它的美妙滋味。

　　在中华民族博大精深的传统文化里，烹饪技艺是很重要的一项内容。煎、炒、烹、炸、酱、焖、炖、蒸、煮、煲、汆、烧、烤、烩、爆、熘、煸、炝、熏、卤、拌、腌、晒、泡……世界上从来没有哪个民族，能将烹饪手法发展得这样丰富、极致。

　　在中原大省河南，有一道深受人们喜爱的美食——

扣碗酥肉，它运用了先炸后蒸的方式制作，最关键的是，菜品蒸熟之后，要找一深底大碗覆盖其上，再猛地翻转过来。

这是一种反转的艺术，事先估计好肉类、素菜和淀粉类食物各自的成熟顺序，借由火候和温度，获得食物最佳的口感和营养，也让其保持最饱满诱人的色泽形态。

在古城安阳，扣碗菜不仅是人们餐桌上的明星食物，更是人们逢年过节必须准备的菜品。吃了种类繁多、圆头圆脑、热气腾腾的扣碗，也象征着家人团团圆圆，物质丰裕富足，日子红红火火。

扣碗大多是以肉类为原料，一般采取先炸后蒸的方式制作，像小酥肉、蒸排骨、蒸肘子、黄焖鸡、腐乳肉、蒸丸子、海带肉等，都是常见的种类。也有用素菜做的扣碗，比如莲菜、豆腐、素丸子等。其中名气最大的是扣碗酥肉。这道菜选用五花肉为原料，五花肉鲜嫩柔软，肥瘦相间，所以口感相当香酥爽滑，肥而不腻。将肉切片，用食盐、花椒、白酒等作料腌制，然后裹上淀粉和鸡蛋，就可以过油炸了。

锅里的油烧得热热的，一块块挂好浆的肉片争先恐后地跳下锅，发出"嗞啦嗞啦"的声音，油花滚滚沸腾，肉片也由淡淡的乳白色变成了深深的金黄色。注意肉不要炸得过久，否则就会炸焦，影响口感。大约八成熟以后，用一把大漏勺将肉片捞出，沥干油备用。

热油既可以迅速地给肉片定型，形成好看的形状，也可以使它由生变熟，获得好的口感。肉片里面瘦的部分经过加热变得焦香嫩爽，肥的部分经过高温煎炸已经转化成为油脂，嫩滑有加，并且散发出经久不衰的动物油脂的气息，很像我们小时候吃的那种最原始最天然的美食，香味闻着就令人欢喜雀跃。

接下来准备蒸制。首先在碗底放上作料，包括葱花、姜片、花椒、八角等；然后把炸好的肉切成小片，摆在碗底；将土豆、山药和莲藕也切成小片，摆在肉的上方。全部码好以后，在碗里注入汤料，以盖住肉片为宜。这时候，把碗放在蒸锅之上，用大火蒸熟即可。

之后就要进行整道菜最为关键的一步 —— 扣碗。找一只大的汤碗，覆盖在蒸好的食物之上，然后快速翻转过来，这个过程中千万注意不要把汤洒出来。

这样，原先的食物就被转移到新的汤碗里，土豆和藕片等素菜在下面，小酥肉在上面，再撒上葱花、姜末儿、菜叶等做装饰，再次淋上汤汁，一道美味又精致的扣碗酥肉就做好了。

喜欢酸爽口味的，可以加点醋汁；喜欢吃辣的，可以加入辣椒。油花莹莹的汤面上，一块块金黄色的小酥肉浮于其上，点缀着绿色的菜叶、红色的辣椒，看上去如同碧湖中盛开的花朵。用筷子轻轻拨动，一朵朵"花儿"随之缓缓舞动，如同微风吹过，湖面涟漪圈圈点点，散发出肉类与淀粉、蔬菜混合后的香气，令人心旌摇曳，想一尝它的美妙滋味。

香、脆、滑、嫩、鲜、软、酸、辣，那一块块的小酥肉，混合着土豆的绵软、藕片的清新、青菜的水灵，一下子酥到人的骨头里，简直势不可当。这扣碗，怎么就这样善解人意，知道食客需要什么样的味道，找的是什么感觉呢？

说到汤碗，着实需要讲究，碗要够大够深，才能装得下食材和汤汁。因为需要长时间的高温蒸煮，碗的质量要好，一定要耐热。翻转的汤碗，其实才是最后呈上桌的碗，可以选一只精致漂亮的碗或深一些的盘子。好的容器更能衬托出食物的美好，让人赏心悦目，食欲倍增。

扣碗在河南有着悠久的历史，它体现着人们在食材处理方面相当高超的智慧和技艺。将腌制、挂浆、油炸、蒸煮、淋汤等多种烹饪方式结合得天衣无缝，也把火候和温度控制得恰到好处，是食材与时间、热量亲密接触、完美融合的典范。

本来平淡无奇的五花肉，经过作料的浸染具有了绝佳的风味，然后被包浆好好保存，再经由热油全面封存，提升了口感，将肉类和动物油脂的香气无限放大。对蔬菜来说，蒸煮是最佳的方式，能最大限度地保存里面的营养，也能很好地保持它们的水分。将小酥肉放在下面，蔬菜放在上面，也尊重了不同食材成熟的先后顺序，同时把肉的香气蒸发升华，传递给了蔬菜。

关键的一步扣碗，更是体现着哲学的思想。世间一切，万事万物，互相联系，互相渗透，永远以对立和统一的姿态呈现。此时你在上方，我在底端；经由旋转，我成为主角，你则为我的衬托。审时度势，适应发展，没有不变的状态，只有改变才是永恒。在我看来，一碗菜也是一个江湖、一个宇宙。

安阳有着令人眼花缭乱、目不暇接的传统小吃，人称"三大宝"的分别是炸血糕、煎皮渣和粉浆饭。而其中的皮渣就是制作扣碗的一种主要食材。

过去，人们收拾粉条时总会留下许多碎粉条，用这些碎粉条做菜的话便难以夹食，于是便将这些碎粉条收集起来，加上其他配料蒸成碗状，再切开以便食用。

后来人们发现很喜欢这种味道，便用完整的粉条批量制作皮渣。皮渣主要以粉条为主，再加上大葱、大蒜、荤油、精盐、香油、虾皮、红薯淀粉、猪油、姜末儿等。安阳的皮渣成品比粉条的颜色略深，微微发绿，呈现出半透明的状态，能看见里面根根分明的粉条和姜末儿等，摸上去柔软而富有弹性。由于加入了很多作料，皮渣闻起来有浓郁丰富的香味，吃起来爽滑又不失筋道。

皮渣的吃法有煎皮渣、皮渣烩菜、皮渣扣碗等。制作扣碗时，皮渣常常被置于肉类之上一同蒸煮，待翻转后落在扣碗的底端，供人们食用。那混合着肉类香气、被汤汁浸润的皮渣在碗中微微颤抖，晶莹剔透，仿佛有了灵性和生气，味道也更上一层楼。

皮渣、小酥肉等食材，在很多售卖扣碗材料的店铺都有销售。每逢新年将至，扣碗食材店的生意都格外红火，蜂拥而至的顾客争相购买皮渣、小酥肉、丸子、排骨等原材料，为的就是回家能制作各种扣碗，在新年招待宾客的时候能够端上桌，让大家共享这传统美食，分享浓浓的年味和亲情。

"没有扣碗的新年，就不叫新年。"一位安阳的朋友这样说。

当地很有名的"八大碗"，分别是酥肉、腐乳肉、牛肉丸、鸡块、鱼块、八宝饭、鸡蛋汤、山楂汤。各家、各饭店可能略有不同，也会随季节时令微微有所调整，但基本的构成是这样，特别是扣碗酥肉，红白喜事都少不了，因此它最具有代表性。

"八"在我国是个非常吉利的数字，宴席上的菜式、数量，也常常与"八"有关。像著名的洛阳水席，民间的"三八席"，都以"八"为基数，按"八"或者"八"的倍数上菜成席。

安阳民间同样有以"八"成席的风俗，如传统的"八珍席"，分为"素八珍""海八珍""禽八珍"等。还有"八碗八碟席"，简称"八碗八"，具体又分为"碟八珍"和"碗八珍"。"碟八珍"中有凉菜四个、热菜四个，基本上荤素各半；"碗八珍"也是有四道荤菜、四道素菜。

人们办一桌宴席，从菜品的数量和组合中体现着百姓们对喜庆、吉利和美好的期盼；荤素搭配，分配平均，也体现着人们对菜式丰富和营养均衡的要求。做一桌菜，请一室人，笑谈世事，开怀畅饮，吃着最美好的食物，看着最繁华的风景，除了希望岁月静好、相知相守外，人生应该也别无所求了吧？

即使偶遇逆境，稍有不如意，也不必愁眉不展、心事重重。世间万物不会一成不变，每个人也不可能一帆风顺。

人生起伏是不可避免的事情，逆境不过是顺境的铺垫。关键是人处于低谷时，仍然要有平和的心境和积极的态度，用毅力作为热火，持续发力，才会获得转机。待到时机成熟，定会冲破层云，扭转乾坤。只要你真正足够强大，你就是舞台的主角，人生的主宰。

扣碗酥肉

借由火候和温度，
获得食物最佳的口感和营养，
也保持最饱满诱人的色泽形态。

鲤鱼焙面

华贵锦绣的宫廷菜

　　鲤鱼焙面是一道极为典型的宫廷御菜，它由糖醋鲤鱼和焙面两道菜组合而成。首先在选材上，其中的鲤鱼来自黄河中下游，尤其是在开封一带，鲤鱼极为肥美，有着最佳的肉质和营养价值，被视为做菜的珍品食材，在宋代就有着为求此鲤鱼"不惜百金持与归"的说法。其次在工序上，这道菜不仅考验厨师的刀功，也考验厨师在油炸、吊汤、制汁、勾芡以及揉面、拉面等多个环节上的水平。一个厨师，如果能做好鲤鱼焙面这道菜，其厨艺也真是不简单了。

　　发源于中原腹地的河南菜系，有着上千年的历史，豫菜也曾被烹饪界认为是中国各大菜系的源头。特别是河南的开封、洛阳，曾为千年古都、天子定居之所，因此豫菜里的各类宫廷菜也是繁花似锦、源远流长。新中国成立后，豫菜亦被定为国宴菜基础。以河南师傅为主厨，原因就在于河南地处中原，博采各家之长，且味道适中，不辣不甜，各地方人吃起来都能接受。

宫廷菜、国宴，没有恢宏的手笔和过硬的水平是无法满足特定需求的。在河南，有着十大名菜：鲤鱼焙面、煎扒青鱼头尾、炸紫酥肉、牡丹燕菜、大葱烧海参、汴京烤鸭、扒广肚、炸八块、葱扒羊肉、清汤鲍鱼。这些都是由过去的宫廷菜演变发展而来，非常适合隆重场合呈现给宾客品尝，也几乎代表着豫菜的最高水平。

其中的鲤鱼焙面是一道极为典型的宫廷御菜，它由糖醋鲤鱼和焙面两道菜组合而成。首先在选材上，其中的鲤鱼来自黄河中下游，尤其是在开封一带，鲤鱼极为肥美，有着最佳的肉质和营养价值，被视为做菜的珍品食材，在宋代就有着为求此鲤鱼"不惜百金持与归"的说法。其次在工序上，这道菜不仅考验厨师的刀功，也考验厨师在油炸、吊汤、制汁、勾芡以及揉面、拉面等多个环节上的水平。一个厨师，如果能做好鲤鱼焙面这道菜，其厨艺也真是不简单了。

一般的，能做正宗鲤鱼焙面的都是高档菜馆的主厨、大师傅。制作鲤鱼焙面的过程，是如同教科书一样展示的过程：德高望重的大师傅在中间挥舞演示，年轻的徒弟们在一旁站得笔直，仔细学艺；特别有名的师傅，只传授给自己的一两位弟子，学成后也传承有序，颇有各门各派武林秘籍的感觉。

精选上好的鲤鱼，去鳞去内脏，洗净，用刀在鱼的两面切出瓦楞形的花纹备用。铁锅烧热，倒入油，油的高度至少要能没过鱼身。

待油烧至六成热时，放鱼下锅，慢慢地翻动，使鱼的两面均匀地被油浸润透彻。然后将火稍微加大，升高的油温会迅速使原本柔软的鱼肉变得焦脆起来，这样做一是可以使鱼保持优美、完整的形态，二是可以锁住鱼肉里面的蛋白质，保证肉质的鲜美口感。要注意的是控制好温度和时间，千万不要让温度过高、时间过长，那样炸出的鱼过于脆硬，肉质会变老，口感也有缺失。炸好以后，把鱼捞出，沥干油备用。

将炒锅洗净后，再次开火，加入清汤，放入炸好的鱼和作料，作料包括白糖、醋、绍酒、精盐、姜汁、葱花等。因为这道鲤鱼焙面最后呈现的酸甜口感类似于西湖醋鱼，所以要添上比例适当的糖和醋。绍酒一类的东西可以去腥，葱和姜则能提升鱼的鲜味。

在煮这一锅汤料的时候，需要不断地翻动，让所有作料的滋味全部渗透到鱼肉里面。等到鱼两面煮透时，还需要一个勾芡的过程。把鱼捞出装盘，将热汁淋在鱼上。这时，造型优雅、色泽晶莹的糖醋鲤鱼就做成了，伴着红褐色的汤汁，散发出香甜浓郁的味道。

接下来是制作面条的过程。好的面条细如发丝，却绵长不断，有弹性，没有功力的师傅是达不到这个境界的。首先，和面，需要反复揉搓、摔打，目的是获得光滑柔软又弹力十足的面团，以便让面条在接下来数十次的扭转拉扯中依然保持不断。其次，将面团搓成一根长条，此时需要调整站姿，两脚分开，力定、气定，两只胳膊呈半弯，相距三十厘米左右，将面抖起来，如同合绳一般反复多次。到面性柔软、能出条时，放案板上撒面粉搓成圆条。

接下来是面条抖动、面线飞舞的过程。扬起落下的面粉，如同洁白的雪花轻盈飘落，像极了电影《一代宗师》里的宫二在漫天雪花中缓缓发力、挥手运拳的场景。

只见大师傅两手扯着圆条两端，拉伸，两手汇合，圆条变成一个半圆形；左手中指伸入半圆形面团中间，向两端拉伸。经过这样无数次的反复拉伸，才能获得如发丝一般纤细轻盈的面条。这时,需要将面条过油炸成金黄色，即可同糖醋鲤鱼一起上桌。

食客们初见晶莹剔透的糖醋鲤鱼，也许并不觉得有多么惊讶，但是当厨师将焙面倾盘倒入鲤鱼之上时，很多人就被这道菜考究的技艺征服了。大家觉得好神奇，怎么会有这么细的面，覆盖在鲤鱼之上，色彩和谐，搭配巧妙，当真似华锦绣缎，高贵明艳。

鲤鱼焙面这道菜的寓意大有来头，它别名"黄袍加身"。相传当年赵匡胤作为后周将领率军北上抵御契丹的进攻，大军行至陈桥驿时，一个厨师为他进献了这道菜。鲤鱼在古时一直是龙的象征，而明黄色的焙面则象征黄袍，是天子的服饰。

这道菜让赵匡胤非常高兴，他手下的士兵趁机高呼万岁，劝赵匡胤称帝。随着后来赵匡胤建立了宋朝，这道鲤鱼焙面也被推崇为宫廷御用的名菜，并流传至今。

食客们强烈的好奇心被吊了起来，迫不及待地要品尝一下这道千古名菜。夹起一块鱼肉，肉质鲜美，虽然绵软爽滑，但并没有在口中立即化掉，反而让人觉得很筋道。鲤鱼的刺很少，也不必担心会被卡到。

白糖的甜与醋汁的酸搭配得恰到好处，给人以酸甜、咸鲜的多元口感。再夹一丝焙面，淡淡的面香混合着油香，又加上汤汁的鲜香，尝一口非常酥爽焦脆。软软的鱼肉、脆脆的焙面，从创意、食材、搭配和做工各方面，这道菜都表现得令人惊艳，使味蕾得到丰富的享受，不愧是皇家名菜。

看到这里，很多人会问，为什么豫菜会如此好吃？那是因为豫菜历史悠久，历经上千年的发展演变，已经形成了很完善的体系。

早在北宋鼎盛时期，京都开封一度为当时世界上最繁华的城市之一。城内酒楼餐馆鳞次栉比，仅"七十二"正店经营的菜肴就有鸡、鱼、牛、羊、山珍海味不下数百个菜式。烹饪技法有炸、熘、烹、炒、爆、烧、煮、爆等四十余种。各种菜肴配以"明如镜、薄如纸、声如磬"的精瓷餐具，使豫菜成为品种齐全，色、香、味、形、器俱佳的一个体系。

豫菜烹饪的技法虽有几十种之多，但无论哪种技法，都是务求做到酸甜苦辣咸五味调和，味必适度。现代的豫菜，基本上是在北宋时开封菜的基础上发展起来的，其"选料严谨、刀工精细、讲究制汤、质味适中"。

具体来说，选料严谨强调依时令取鲜活原料，常有"鲤吃一尺，鲫吃八寸""鸡吃谷熟，鱼吃十""鞭杆鳝鱼马蹄鳖，每年吃在三四月"之说。

刀工讲究精细。豫菜大师一向有"切必整齐，片必均匀，解必过半，斩而不乱"的传统。

讲究制汤，把汤作为菜的重头戏。俗话说"厨师的汤，唱戏的腔"，豫菜的汤，实为菜的灵魂。

最后，豫菜还有烹调细致、质味适中、滋补养生等特点。

豫菜讲究的是"德先行，艺其后"。图书《厨师四大绝技》中讲到，中国烹饪一枝独秀，中餐美馔世界名扬，皆得益于厨师四大绝技：刀功有"七十二"般变化；火候有"三十六计"兵法；鲜料制备最佳，干货全靠涨发；汤出十二辰，菜增味三分。这四大绝技在豫菜中得到了炉火纯青的运用，成为很多豫菜大师传授徒弟的入门口诀。

然而想成为优秀的厨师，不光要有高超的技艺，还要有高尚的品德，这样才能做出真正美好的食物。

曾看过一部电影《豫菜皇后》，片中的两个年轻人都立志成为豫菜大师，却走上了不同的道路。一个是年轻后生，虽然悟性高、技术好，但是心浮气躁，做菜只是为了争名逐利；一个是村里的普通姑娘，走遍中原各地，潜心拜师学艺，为了练就一双快手，曾苦练从热汤里如何快速捞出茶叶蛋。

在中原厨王争霸赛上，后生违规偷偷使用碱面泡发鱼翅，却不知这样的鱼翅虽然表面好看内里却坏了本质。而姑娘做的鱼翅尽管在色香味方面不能堪称完美，却在烹饪中付出了真诚的心意。最终这个姑娘赢得了比赛冠军，也赢得了人们的尊敬。

检验一种做菜风格的标准之一，我认为主要看它能否做到传承。豫菜不仅做到了自身延续千年，而且培养了大量后继人才，同时也为全国培养了大量优秀的厨师，形成了鲜明独特的豫菜文化。

我想，豫菜之所以能够发扬光大，也离不开厨师们的美德和诚意。不论是锦绣富贵的宫廷菜，还是朴素馨香的民间菜，一代代的大师前赴后继，寻找着最美味的食材，潜心地研制和搭配，只为获取食物最佳的营养与口感，造福于人类，这才是豫菜真正的精髓吧。

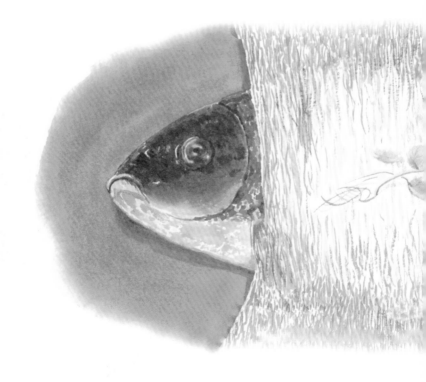

鲤鱼焙面

白糖的甜与醋汁的酸
搭配得恰到好处，
给人以酸甜、咸鲜的多元口感。
再夹一丝焙面，
淡淡的面香混合着油香，
又加上汤汁的鲜香，
尝一口非常酥爽焦脆。

洛阳水席

告诉你人生真谛

洛阳水席的二十四道菜，道道有讲究。八个凉菜，分别以服、礼、韬、欲、艺、文、禅、政为主题，用不同的食材做成相应的形状或者象征的味道，比如：服——是用蛋黄做成金黄色的蛋衣覆盖在菜上，蛋衣上有刀刻的条形图案，寓意帝王的黄袍加身；礼——用鹿筋或其他材料，做成白色晶莹的形状，在盘中摆放有序又微微躬身，象征着彬彬有礼；韬——用五香豆腐皮卷起香馅儿，外不知其内，内不知其味，吃进嘴里方有难以形容的鲜美……

在洛阳，有这样一道宴席，菜品酸甜苦辣，冷热荤素，汤水交织，像极了人生的百种滋味，万种情意。品罢此宴席，能领略世间百态，跌宕起伏，于是更懂得珍惜身边的亲情、爱情、友情，珍惜每一次相聚的机会。这道宴席就是洛阳水席。

在洛阳，水席是一种隆重的仪式，常用于盛大宴会、婚丧嫁娶、贺寿庆生以及年节庆祝等场合。作为一种底蕴深厚、特色悠远的文化菜肴，洛阳水席和牡丹花会、龙门石窟并称为"洛阳三绝"。

按照上菜的顺序，洛阳水席包括八个冷盘、四个大菜、八个中菜和四个压桌菜。这些菜里有冷有热，有荤有素，更兼具了酸辣甜咸各种滋味。之所以叫作"水席"，一是这些菜品多以汤汤水水为主；二是菜品吃一道换一道，一波接一波地上，如同流水一般。水席在洛阳有一千多年的历史，从唐朝女皇武则天当政时代起流传至今。

经过一代代厨师的创新和改良，如今的洛阳水席也推出了很多新的品种，在食材上也越来越多元化，大致分为高中低三个档次，也会根据时令季节的不同调整取材。但无论用什么做，水席最看重的是形式和意义，上菜的顺序章法严格、不可改变：先上八个凉菜，四荤四素；接着是四个大菜，每上一个大菜要带着两个中菜，寓意"带子上朝"；最后是压桌菜，也称"扫尾菜"。

洛阳水席的二十四道菜，道道有讲究。八个凉菜，分别以服、礼、韬、欲、艺、文、禅、政为主题，用不同的食材做成相应的形状或者象征的味道，比如：服——是用蛋黄做成金黄色的蛋衣覆盖在菜上，蛋衣上有刀刻的条形图案，寓意帝王的黄袍加身；礼——用鹿筋或其他材料，做成白色晶莹的形状，在盘中摆放有序又微微躬身，象征着彬彬有礼；韬——用五香豆腐皮卷起香馅儿，外不知其内，内不知其味，吃进嘴里方有难以形容的鲜美……

四道大菜一般是牡丹燕菜、葱扒虎头鲤、云罩腐乳肉和海米升百彩。其中最有特色的是牡丹燕菜，也是洛阳水席的头牌名菜。清雅洁白的汤水之上，一朵富贵明丽的"大牡丹"开得雍容华贵、娇艳欲滴，四周还衬托着各种颜色的配菜，被切成细长的条形，码得整整齐齐，犹如众星捧月。殊不知，萝卜其实是这道菜的主料，其他的鱿鱼丝、海参丝、蹄筋丝、火腿丝等都是作为辅料来用。

萝卜本是平常百姓餐桌上的粗菜，一般是难上大筵贵席的，唯洛阳水席首选萝卜作为头牌菜品的主料。其实这里面还有个典故，据说当年武则天在洛阳感业寺削发为尼时，仍然遭到异党加害，甚至被赏毒酒赐死。她想起与两代皇帝的情意，如今竟落到这步田地，顿感心灰意冷，便接过毒酒一口吞下。

谁知被御酒赐"死"的武则天抛"尸"于寺外荒野后，

深夜竟被露水打醒。醒来时，由于毒酒的药力尚未消散，武则天感到腹痛难忍。借着月光，她发现了一片萝卜地，便拔出萝卜生啃。不知是萝卜的生津解毒功效救了武则天，还是她命不该绝，反正是武则天大难不死，捡回了一命，她坚信是萝卜救了自己的性命。后来，登上皇位的她感念萝卜的大恩，便加封萝卜为"义菜"，还要求御膳房做国宴大菜时必须把萝卜放在第一位，尊萝卜为上。

别看萝卜很家常，可做成燕菜就没那么简单了。需要选上好的萝卜制成长丝，细如龙须，然后用高汤浸泡使其入味；捞出以后控干水分，勾上一层薄芡，蒸熟；再加入配好的汤料，用小火慢炖片刻出味，这样做出来的萝卜无论是外形还是口感，都与燕窝很像。

做好的萝卜丝与鱿鱼丝、海参丝、蹄筋丝、火腿丝等辅料一起，在汤碗中码得整整齐齐，作为铺底。中间用鸡蛋做成一朵牡丹花的形状浮于其上，色泽明黄艳丽，味道芬芳馥郁，色香味兼寓意都很美好的牡丹燕菜就做成了。

吃一次洛阳水席，就在心灵上得到了一次传统文化的洗礼，也领略到历史传说的美丽。千年以前的时光仿佛不变不散，仍在如今的餐桌间重现，带给我们震撼和启迪。

洛阳水席的最后一道菜是一道甜汤，寓意喝完以后大家都能甜蜜圆满、平安吉祥。我觉得，其实这是整桌宴席最关键的意义。因为如今人们吃洛阳水席不像昔日在宫廷中，面对的是王孙贵族。在民间吃洛阳水席，无论是来洛阳的游客想一尝水席的特色，还是本地人平时的年节聚餐和隆重庆典，吃的人都怀着对未来的美好憧憬，坐在一起品尝丰盛美食。

吃洛阳水席更重要的是家人团聚、亲友相聚，享受其乐融融的愉悦氛围。菜品里，味道从酸甜到咸辣，一餐下来，仿佛领略了人生的悲欢离合，最后呈上的这份热汤，更令人觉得甜蜜饱满，温暖心扉。

由于水席的数字和结构，洛阳水席在民间还有个亲切的称呼——"三八席"。河南很多地方都有吃"三八席"的传统，主要用于嫁娶、小孩满月等隆重场合中的喜宴。"三八席"也是二十四道菜，前面八个凉菜，四荤四素；中间八个热菜，又称"传盘"；后面八个汤碗，主要是些炖肉、炖菜类。

"三八席"其实是洛阳水席在民间的一种简化版。如果说洛阳水席最初是皇家贵族为了隆重场合而设计的一种高端宴席，那么在走入民间以后，洛阳水席就有了各式各样的演变和发展，首先在材料上不一定必须选用一些珍稀昂贵的食材，而是分为高、中、低若干个档次。

有钱人就吃得好一点、精致一些，平民百姓就吃得简单、朴素一些，但菜的数量不变，上菜全程也必须如行云流水一般不停止。总之，大家吃一顿这样的宴席，图的就是餐桌旁亲友宾客热闹庆祝、觥筹交错的气氛，还有你来我往相聚的光阴。

记得我小的时候，经常跟着父母一起参加老家亲戚的一些婚礼，吃的就是"三八席"。那是在宽敞的院子里，一下子摆上五六桌甚至十几桌，宾客们按次序坐好，等开席的口令一喊，主人家就开始上菜了。

首先是八个冷菜：蒜苗、藕片、菠菜、卤牛肉、猪耳朵、鸭肉……都是开胃可口的精致小菜；接下来八个热菜，先是两个甜菜，拔丝苹果、甜香蕉、黄金橘子这一类；然后是六个炒菜，记忆中有蒜薹炒肉、木耳鸡肉片、芹菜腊肠、红烧鱼、小酥肉等。摆满了大半张桌子，荤素搭配，有咸有甜，看上去赏心悦目，吃起来也是五味交织，滋味丰富。

孩子们已经迫不及待地动筷子了，争相挑选自己喜欢的菜夹到碗里，大人们则一边互相招呼着、谦让着，一边共享这美味佳肴。这边还没吃片刻，八个汤碗就相继被端上桌来，有炖鸡肉、羊肉、猪蹄、猪肉、排骨等炖肉类，也有豆腐白菜等素菜，还有煮小饺子等，桌子上几乎被摆满了，每一桌的菜品都如此。看着帮忙的乡亲们在席间穿梭忙碌，上菜端汤，真是犹如行云流水一样一气呵成，连续有致。宾客们就着美酒，举杯庆祝，再品尝着饱含主人心意的饭菜，气氛喜庆祥和，让人轻松愉悦。

我是很喜欢那样的聚会的。当时只是个孩童，一听说要走亲戚，吃喜宴，就兴奋得想要跳起来。到那一天早早地起床，穿上漂亮的新衣，妈妈再为我梳起漂亮的辫子，一切准备妥当就等着出发。

坐上开往乡间的大巴，盼望着尽快见到熟识的小伙伴和亲切的长辈们。一到要办喜事的亲戚家，迅速和小伙伴们跑成一团，有时候我们还跟在大人身后一起凑热闹去看新娘子。一身大红的新衣，妆饰精致的脸庞，低着头娇羞地微笑，小孩子们起哄地说："新娘好漂亮！"然后趁机抢一大把喜糖、花生、喜饼，快乐地在房间、院子里跑来跑去，纯真的快乐伴着银铃般的笑声充满村庄的每个角落。

后来，我慢慢地长大，由于工作在外，回老家的次数越来越少。听说现在办喜宴，吃"三八席"的场合也越来越少了，大多是去餐馆、酒店招待客人，一般是预定好的菜式，也是很快就上来，亲友宾客就位，仪式开始。

这些年，百姓的待客方式也发生着改变。但是，变的是形式，不变的是情谊，是人们对团聚的热切期盼。特别是像我这样身在他乡的游子，每年回家的次数屈指可数，就更期待那为数不多的聚会。

亲朋好友围坐席间，不管吃的是什么，都觉得香甜亲切，因为食物里有家乡的味道，连空气里也弥漫着热闹和欢喜。因为我知道，这么多年过去，尽管一路上跌跌撞撞，但亲人、爱人和朋友一直陪在身边，在我需要的时候给我陪伴，在我困难的时候给我帮助，这真是一笔莫大的财富，足以鼓励我勇往直前。

有时觉得，人生其实就像一场水席，有甜蜜欢乐，也有辛酸苦涩，还有鲜辣肆意；可能恰逢如日中天、众星捧月般的炙手可热，也可能遭遇冰封雪埋、锥心刺骨的寒凉。我们每个人都要从初始时期的平凡普通，经历各种努力、奋斗、打磨，才能脱胎换骨成为姿态优雅、内涵丰富的人，就像一根不起眼儿的萝卜，变成色如美玉、味似燕窝的牡丹燕菜。当然，要耐得住时光深处的寂寞，不自卑，不放弃，永远笔直向上。

洛阳水席

菜品酸甜苦辣，冷热荤素，汤水交织，像极了人生的百种滋味，万种情意。

水煮肉丸

最好的爱是陪伴

简单的食材、简单的制作，就能做出这道清淡可口的美味，却又荤素搭配，兼顾营养。香味四溢的丸子中，透着鲜美的汤汁在唇间跳跃。再配着水灵饱满的青菜一起享用，既获得了丰富的维生素，也中和了肉的口感，让肠胃的体验更为舒适。

丸子，在各地都是非常流行的美食。狮子头、四喜丸子、油炸丸子、清蒸丸子、丸子汤、红薯丸子、萝卜丸子……圆头圆脑的丸子形状可爱，寓意圆满。在我的家乡河南，无论是逢年过节，还是宴请宾客，抑或是普通的一日三餐，总离不开各式各样的丸子，以丸子为主料制作的美食也是数不胜数。就从一道最普通的水煮肉丸说起吧。

将肥瘦相宜的五花肉绞成馅儿泥，加鸡蛋、盐和一点点味精，淋上些许老抽上色，把所有的调料搅拌均匀，然后顺时针方向一直搅动馅儿料，直到它变得黏稠有弹性，肉馅儿就打好了。可以加上一点点的水，这样会让肉馅儿更香嫩多汁，口感更好。用勺子挖起一块肉馅儿放在手掌上，揉搓成一个均匀的小圆球，就做成了圆圆滚滚的丸子。手艺熟练的厨师，可以一边用手挤出丸子一边往锅里下，形成"大珠小珠落玉盘"的声势。

丸子下到沸水中煮熟，锅里的水呼啦啦地翻滚沸腾，每一个包有丸子的地方都像开了花。袅袅的白色雾气中，丸子就在这花朵间越包越紧实，越煮越圆，颜色也从之前的红褐色变成了淡淡的浅褐色，散发出诱人的香味。

等丸子煮熟之后，再放上青菜、冬瓜、小葱、香菜之类的配菜，略等片刻就可以出锅。盛到一只汤碗中，只见肉丸圆实可爱，颜色浅淡；菜叶漂浮牵连，青翠欲滴，看着就令人赏心悦目，胃口被吊得足足的。咬上一口，香软嫩滑，爽弹多汁，实在是好吃得很。

我是特别喜欢吃水煮肉丸的，简单的食材、简单的制作，就能做出这道清淡可口的美味，却又荤素搭配，兼顾营养。咬一口新鲜出锅的肉丸，浑然一体的五花肉丝毫没有油腻的感觉，经过鸡蛋的调和，肉质变得更加鲜嫩爽滑，富有弹性，可以说是肥而不腻，瘦而不柴。香味四溢的丸子中，透着鲜美的汤汁在唇间跳跃。再配着水灵饱满的青菜一起享用，既获得了丰富的维生素，也中和了肉的口感，让肠胃的体验更为舒适。

有时，一盘山珍海味，一盘经过煎炸爆炒等各类工序制作，或是放了鲜香麻辣等有强烈作料味道的菜肴，吃的时候或许口感丰富过瘾，但过后肠胃未必能适应。大油大盐或是辣椒味精，总是当时吃得畅快，事后却有些"副作用"。然而就是这一碗简单的清水肉丸，没有夸张的味道，没有夸张的烹饪，却温暖实在，叫你从头到脚地感到舒服。

就像过日子，大悲大喜、刺激夺目的情节只是少数，我们大多数人还是坚守着平淡的情节度过一生。电影里的浪漫或惊险情节，偶尔上演几次，是可以调剂生活步调的，比如年轻时豪放不羁、青春叛逆、打架斗殴、挑衅他人，做了不少出格的事情；长大后却还是慢慢成熟，成家立业，承担着工作和家庭中应尽的责任。比如一场盛大浪漫的婚礼，到处铺满鲜花，宾客满堂，喜庆热烈到极致；然而成家之后，也是柴米油盐，一日三餐，养儿育女。就像是尝过滋味强烈、口感劲爆的食物，回味之后，还是渴望一份平淡温暖、真实可触的饭菜来抚慰心灵。

或许曾有过轰轰烈烈的恋情，爱的时候惊天动地，最后还是归于平凡，找一个安静温暖的人，过着平静的日子；或许从事一份看上去光鲜亮丽的工作，但是耗去巨大的心血与精力，只想在夜深人静的时候，脱下沉重的华衣，换上轻松的 T 恤和拖鞋，在舒适的床上躺一躺。

我们每个人，都怀着年少时的梦想，想尝试一些未曾体验过的生活，品尝一些不曾吃过的味道。但是构成幸福的，除了那些惊心动魄的经历和体验，更多的是无数细碎平凡的片段，和家人相处、和爱人相处、和朋友相处，在生活里闪着微微的光芒，穿成岁月的珍贵项链。

春暖花开，海河游船再次开航。来这个城市工作了数年，我一直没有坐过游船，看看两岸美丽的风景。因为工作，曾有好几次机会可以上船游览，但是我觉得没什么意思就没去。这一次，妈妈正好来天津帮我看女儿，就带了她们祖孙两人一起去坐海河游船。在今年开航的第一天，我们三人来到古文化街码头，登船游览。随着汽笛轰鸣作响，游船缓缓启动，划过波澜起伏的河水。

海河上，各式各样的桥梁横跨两岸，姿态万千；岸边，风景旖旎秀丽，一座座高楼巍峨林立，还有历史悠久、造型各异的小洋楼和特色建筑，经过导游的讲解，才知道它们有着那样丰富的历史。海河游览结束后，我们还一起逛了附近的古文化街，游人如织，街巷繁华，我们不停地拍照、欢笑，高兴得像孩子一样。祖孙三人的组合非常显眼，一旁的游客都向我们报以友善的目光，女儿的可爱、姥姥的慈祥、母女们的其乐融融，也感染了很多同行的人们。

我一直在想，为什么平时看起来很普通的风景，今天显得如此特别、如此生动，也许是因为和亲近的人在一起，才使这样普通平凡的场景变得闪光明亮。幸福，从来都不是波澜壮阔、浮华万千，它就是一个个真实又温暖的陪伴，相守在身边。

我的女儿也很喜欢吃水煮肉丸这道菜，松软绵香的口感，荤素均衡的配比，使它成为非常适合儿童享用的食物。有时候，我会在食材上稍加改动，比如在肉馅儿上，选取一半猪肉一半鸡肉，剁成肉泥和在一起。鸡肉没有那么多的脂肪，也比较好消化，更适合孩子吃。同时保留一半的猪肉，也就保留了肉质的香味和筋实的口感，能够勾起孩子的食欲。

小孩子大多不爱吃蔬菜，有时候我就在肉馅儿里面掺一两种蔬菜，胡萝卜或者芹菜叶，团成小小的丸子，然后放在水里煮，煮到肉丸变色，发出香味，就可以盛出来给宝宝吃了。放在宝宝的餐具里，餐具有时候是一个纯色的木盘，有时候是印有卡通图案的塑料碟子，有时候是精致的不锈钢小碗，可爱的餐具配上香香的食物，能够吸引宝宝的注意力，再给她一把木勺或是一柄小叉子，围上一个可爱的围嘴，她就自己动手开始吃饭了。

看着她稚嫩的小手，歪歪扭扭地把肉丸舀到嘴边，开心地咬上一大口，香喷喷地吃着，我会不由自主地为她拍手鼓掌。她有时候用勺子吃得不过瘾，干脆下手去抓，胖胖的小手上全是油，嘴边、脸上也蹭了很多油，但是她觉得开心就好，重要的是这种方式能让她对食物充满探索的兴趣，很乐意去尝试各种方法。

当了妈妈以后，经常要为孩子准备各种各样的食物，要造型诱人可爱，味道鲜美可口，营养搭配均衡，真的是一个技术活。但是孩子的饮食习惯，要从小慢慢培养，教她不挑食，不剩饭，吃饭时要专心致志，细嚼慢咽，吃完了要帮妈妈收拾碗筷……在与孩子一起吃饭的过程中，既能增加亲子之间的互动，也能有很多机会培养孩子的好习惯、好品格。

我觉得制作丸子的过程，特别像塑造孩子的过程，看似简单实则复杂。从一开始就要打好基础，用力均衡，又不能只靠蛮力，需要熟悉很多的技巧，才能造就出一个形状美观、内心踏实的"作品"。倘若你舍不得用最好的食材、投入最大的精力、以最强的耐心，你就可能得不到一个成功的丸子。而调味不均或是造型不美的丸子，下锅煮完以后，是很难再去改变的，就像一个孩子，如果从小没有养成良好的习惯与教养，长大之后想扭转过来，也是很困难的。

我曾经认识的一个朋友，孩子一岁的时候就可以自己洗脸、刷牙，两岁的时候会帮助妈妈洗脚、洗袜子，自己吃饭一点也不会洒。这些都是因为这位朋友从孩子小的时候就注重培养孩子的生活能力，这些比孩子会背多少唐诗、会唱多少儿歌更为重要。

再说回到我们喜爱的丸子。知名大气的如扬州狮子头，用料讲究，做工细致，成为中国菜的一大代表作；简明轻快的如街头小摊铺上的章鱼小丸子，则受到年轻人的喜爱。

好像中国人都很爱丸子，首先是它的选材可以不拘一格，各类肉与菜组合，不拘什么章法，随意的搭配就能很出彩。其次丸子的做法也是五花八门，有清蒸、油炸、水煮、烩菜、烘烤……只要能想到的，都可以尝试。最后，也是最重要的，我觉得是丸子的含义，团团圆圆，把所有的心意和美好都包容其中，象征着美满和团圆。这也是为什么在节庆和婚礼等隆重的宴席上，人们总是要摆上一道丸子的菜式，与亲友宾客分享，因为它的出现，就是一种圆满的象征。

小小的丸子，包容融合，集纳万物之灵气于一身，体现了我们中国人圆融和中的智慧。而岁月静好，与家人相随相伴，就是我们中国人最期盼的团聚圆满吧。

水煮肉丸

咬一口新鲜出锅的肉丸，浑然一体的五花肉丝毫没有油腻的感觉，经过鸡蛋的调和，肉质变得更加鲜嫩爽滑，富有弹性，可以说是肥而不腻，瘦而不柴。

土豆鸡块

回味家的味道

　　盛夏的午后，这道家常菜肴带着四溢的香气迎面而来，鸡肉爽滑细嫩，土豆酥软甘甜，汤汁鲜美饱满，虽然不是什么玉盘珍馐、凤髓龙肝，却也色香味俱佳，令人食指大动，瞬间就能吃去大半盘。再用剩下的汤汁浇在米饭上，搅拌均匀，吃起来那叫一个唇齿留香、酣畅淋漓！

　　鲤鱼焙面、牡丹燕菜、红焖羊排、汴京烤鸭、扒素什锦、清汤东坡肉……作为河南人，我能够很流利地说出家乡的名菜，却无法准确形容它们的美味。

　　偏甜，偏酸，偏辣还是偏咸？好像有，又好像没有，它就那样被端端正正地呈上来，四平八稳，没有华丽的摆设，没有夺目的造型，没有强烈的气味，就那样温和淡定地看着你，却又如此引人入胜。

直到后来看到一个介绍说，中原大省河南因地处九州之中，一直秉承着中国烹饪的基本传统——中与和。"豫菜坚持五味调和、质味适中的基本传统，突出和谐、适中，平和适口不刺激是其显著特点。各种口味以相融、相和为度，绝不偏颇是基本原则。"我才终于找到了能准确形容豫菜风格的词汇。

的确就是中与和。豫菜在选材上，基本都是一些常见的、大众的食材，没有什么夸张到令人咋舌的东西；在工艺上，扒、烧、炸、熘、爆、炒、炝别有特色，集百家之长；在口味上，兼顾东西南北特色，调和五味又程度适中，一般人都能接受。就拿我最喜欢的一道家常菜土豆鸡块来说，此菜的原料鸡肉和土豆，司空见惯，易于购买；味道咸香鲜嫩，几乎没有谁不爱它。

炎炎夏日，高温炙烤下的肠胃无精打采，没有什么能叫醒昏昏欲睡的味蕾，也只有冰镇的西瓜、刺激的饮料能尝一二。但那些生冷的食物吃得过多，脾胃可就难以消受了。这时候，来一道土豆鸡块吧，光是想想那扑鼻的香气就能垂涎三尺。

于是起身开始做。拿出冰箱保鲜层里的鸡肉备用；近日购买的新鲜土豆，一个个厚实饱满，看着它们，我已经想象到了盘子里那焖得酥烂绵软、鲜香中带着微辣爽口的土豆块。分别找到八角、花椒、干辣椒、酱油、料酒、豆瓣酱等作料，再把葱姜蒜一一洗净切好，原料就准备齐全了。

鸡肉沥干水，切成恰当的小块，然后把锅烧热，倒少量油，放入鸡肉翻炒，用锅铲翻动几次后，鸡肉的颜色开始变深，此时再加点酱油上色。看到鸡肉被煸炒到微微出油的时候，在锅里加水量至没过鸡肉，再加作料，大火煮开。加入切成块的土豆，煮开后转为中小火，盖上锅盖，焖至熟烂就好了。不过半小时，这道健康又美味的菜就能出锅了。

盛夏的午后，这道家常菜肴带着四溢的香气迎面而来，鸡肉爽滑细嫩，土豆酥软甘甜，汤汁鲜美饱满，虽然不是什么玉盘珍馐、凤髓龙肝，却也色香味俱佳，令人食指大动，瞬间就能吃去大半盘。再用剩下的汤汁浇在米饭上，搅拌均匀，吃起来那叫一个唇齿留香、酣畅淋漓！

这道菜不仅好吃，还富含蛋白质和钾、锌、铁等微量元素。鸡肉性平味甘、温中益气，土豆也是和胃、调中、健脾、益气的绝佳食物。这两样食物都是消夏解暑的首选，经过组合，便成了土豆鸡块这样的经典搭配，在中原乃至全国的菜单上长盛不衰。

土豆鸡块是妹妹的最爱。记得她读高中时住校，一个月只能回来一次，周末也不能休息。紧张的学习带来了巨大压力，再加上食堂饭菜的水平实在不敢恭维，她常常食欲不振。每个周末，妈妈都要做一点好吃的给妹妹送去，以补充营养。彼时我已经读大学，赶上我回家的时候，就自告奋勇地代替妈妈去学校给妹妹送饭，那也是我们姐妹难得相聚的机会。

一个装有热饭热菜的保温桶，一些水果、饼干和蛋糕等零食，还有些干净的换洗衣物，是每次必带的。我会在周末上午十点左右出发，走到客车站，坐大巴约一个小时的车程，在学校附近的一个路口下车，再穿过一条遍布着各式各样文具店的小街，就到了学校的正门口。

大门是关着的，偌大的校园里空无一人，教学楼里传来老师讲课的声音，函数方程、力学公式……根据讲课的进度我大概能判断出老师是否会拖堂。

清脆的下课铃声使得平静的校园里的某种情绪开始酝酿。十秒以后，速度最快的班级已经有学生冲出来了，他们带着满脸的兴奋朝大门口走来；一些学生拿着饭盒直接奔向食堂，还有的去往宿舍……我则趁着大部队到来之前快步闪身穿过校门，向妹妹所在的教学楼走去。不一会儿，就能在人群中看见妹妹，她剪着齐耳短发，瘦小轻盈的身影，像燕子一样欢呼雀跃地来到我身旁。

在一群送饭的人眼中，我是比较另类的，他们大多是中年的父母，而我长得还像个学生。"姐，你来啦！"妹妹清脆的称呼，让大家明白了我的身份。我答应着，挽起妹妹的手朝着食堂走去。

我们会找一个人少的地方坐下，打开保温饭盒，拿出还温热的饭菜。圆形的小盒子里，盛着香喷喷的鸡块和金黄色的土豆，裹着色泽浓郁的鲜美汤汁，点缀着豆瓣、红辣椒、葱叶，散发出多味调和的迷人香气。"呀，妈妈又做土豆鸡块了，太好了，我都馋了好几天了！"

妹妹拿着筷子夹起一块土豆。"真香！真好吃！""那咱们快趁热吃吧。"我招呼道。我们开动起来，妈妈准备的是我们姐妹二人的菜量，里面的鸡肉也是挑选鸡腿肉、鸡翅等上好的部分，配着入口即化的土豆，肉香、酱香让我们胃口大开。

善解人意的妹妹把鸡小腿夹给我，那是我最爱吃的；我则把她喜欢吃的鸡翅放到她碗里，让她多吃点。我们就这样享受着妈妈做的美味，也享受着姐妹之间难得的相聚时光。

有亲人的陪伴总是觉得幸福温暖，说不完的话、收不尽的笑，像天上的繁星一样闪烁耀眼。

"别人给你做的食物，总是比你自己做的更好吃。"日本美食电影《海鸥食堂》里的幸江说，因为那是饱含心意的礼物。那时候，觉得土豆鸡块真是顶好的人间美味。它有妈妈的味道，也是激励我们努力去奔向美好前程的动力。妹妹说，吃了这样好吃的东西，听课都不好意思走神，害怕辜负了家人的期望。

吃完饭，还有两个小时的午休时间，我会先去妹妹的宿舍坐坐，然后一起去逛学校门口的文具一条街。

可能每个青春期的女孩都爱文具店吧，色彩艳丽的笔记本、风格不同的信纸、香味各异的水笔笔芯，还有折千纸鹤的彩纸、叠幸运星的塑料管、编手链的绳子和小珠子，以及琳琅满目的手工艺品……

那条路上大约有十几家文具店，我们竟然能一家一家地仔细逛遍。那个年代很流行拍大头贴，在一个布帘围起来的小空间里，两人对着里面的机器摆出各种各样的表情和姿势，就留下了很多青涩可爱的照片。

"我们的生命先后顺序，在同个温室里，也是存在在这个世界，唯一的唯一。未来的每一步一脚印，踏着彼此梦想前进，路上偶尔风吹雨淋，也要握紧你的手心。未来的每一步一脚印，相知相惜相依为命。别忘记彼此的约定，我会永远在你身边陪着你……"那时候我们很喜欢听《同手同脚》这首歌，歌词内容也是我和妹妹的生动写照。

后来，妹妹也读了大学，我毕业的时候，去了妹妹所在的城市里工作。"不是我去找你，就是你来找我，反正我们是要在一起的。"这是我们很早之前的约定。刚来到一个陌生的城市，从一个学生转变成职场新人，其中有着很多的不适应，都是妹妹陪在我身边，开解我，鼓励我。

我怀孕的时候，妹妹专门辞掉暑期实习工作陪了我两个月，苦练厨艺，为我做美食。妹妹个性非常温和，做事不疾不徐。她善于分析问题，如春风化雨，好多时候我觉得她更像姐姐，因为她总是照顾我更多。

读书时代，我和妹妹在不同的地方，时空相隔；如今，我们实现了简单的心愿，在一个城市里生活，时常相聚。现在，妹妹也工作了，我们的单位距离只有两站地铁，我们各自的家距离半小时的车程。我们一起约饭、逛街、看电影，我们讨论哪件衣服好看，哪家淘宝店的东西靠谱，分享彼此的心事，吐槽工作中的烦心事。她给我的女儿买好吃的东西、书和玩具，把她宠得无法无天，女儿则期待周末去小姨家小住……这种陪伴的感觉真好。

妹妹时常让我给她做这道土豆鸡块，她说现在我做的这道菜，已经和妈妈做的味道一模一样了。其实，在这个离家千里之外的城市，正是因为有亲人的守护才不觉得孤独，也正是因为有土豆鸡块这样的食物才觉得有了家的味道。

土豆鸡块

此菜的原料鸡肉和土豆，司空见惯，易于购买；味道咸香鲜嫩，几乎没有谁不爱它。

烩面

郑州的城市名片

　　这样一种热气升腾的食物，融合了所有你能
想象的荤、素、汤、菜、饭，既有小火慢炖出的
奶白色肉汤，又有柔软但不失筋道的宽面条，还
有绿色蔬菜等各式配菜，以及入口即化的牛羊肉
片……烩面，仿佛热情好客的郑州人，让你一见
如故，一见倾心，再也放不下。

　　绿城郑州，北临黄河，西依嵩山，东南为广阔的黄淮
平原，东面是八朝古都开封市，西面为十三朝古都洛阳市。
可以说，郑州是古文化传承与新时代创新结合的产物，地
大物博、冷暖适中、四季分明，属于典型的中原城市。

　　郑州人的饮食，一如其城市的古今交融，也包罗万象，
各色皆宜。其中最具代表性的烩面，是"中国五大面条"

之一，也是"河南三大名吃"之一。

在郑州召开的上海合作组织成员国总理第十四次会议上，烩面就被端上了总理的欢迎晚宴。据外交部礼宾司的工作人员介绍，此次国宴极具河南地方特色。焦作的铁棍山药、开封的吊炉烧饼、登封的芥菜丝、杞县的紫薯、黄河岸边的农家土鸭……处处能找到当地独有的原料和豫菜的烹饪方法。用富于地方特色的美食招待各界来宾，不论是朴素的家常小食还是高大上的菜式，一定都非常亲切，饱含着当地人的热情。

事实上，烩面是郑州的一张城市名片，不论亲戚还是朋友来了，好客的郑州人都会请他们吃烩面，分享特色的美味。

我第一次吃到烩面是在读大学的时候。我考到了省会郑州，离开生活多年的家乡，虽然只有几个小时的车程，但从南到北的这三百多公里，无论是气候还是饮食，甚至方言与文化，都与家乡有着不小的差异。

郑州号称"烩面之城"，烩面馆遍布全市的大街小巷。这样一种热气升腾的食物，融合了所有你能想象的荤、素、汤、菜、饭，既有小火慢炖出的奶白色肉汤，又有柔软但不失筋道的宽面条，还有绿色蔬菜等各式配菜，以及入口即化的牛羊肉片……烩面，仿佛热情好客的郑州人，让你一见如故，一见倾心，再也放不下。

除了郑州，河南的很多地方，如方城、洛阳等，也都流行吃烩面。我在来郑州上学之前就对鼎鼎有名的烩面垂涎三尺，大学的食堂里正好就有烩面。食堂的师傅手法熟练，用事先揉好的面片，在一拉一抻之间，宽宽的面条便成形，再放入滚沸的水中煮熟，浇上热汤，撒上青菜、木耳、海带丝等，一碗热气腾腾的烩面就做好了。

　　入口品尝，面条筋道有嚼劲，高汤味道鲜美，香软的羊肉伴着清爽的配菜，瞬间就让我爱上了这道美食，也爱上了学校的食堂，爱上了学校的生活。我觉得这里的一切都是温暖的、美好的、有人情味的。

　　常常吃烩面，慢慢地了解到一些烩面的做法，听说烩面的面是用优质高筋白面粉，加上适量的盐和碱，用温开水和成柔软的面团，反复揉搓，最终变得很有弹性和韧劲。之后要放置一段时间，再擀成约四指宽、二十厘米长的面片，最后在外边抹上植物油，一片片码好，用保鲜膜覆上备用。

　　这里要说说扯面的大师傅，他是做好一碗烩面的灵魂人物。只见他双手拈起面片，双臂张开，一拉、二摔、三扯、四撕……既有力道又不能太过。一张面片，在师傅手中先变成两道，再变成四道、更多道，最后在翩翩飞舞中下锅。

　　烩面的高汤需要精心熬制，好汤是烩面味道鲜美的关键，否则它就是一碗普通的面了。高汤要选用上等嫩羊肉及羊骨头，最好是带骨髓的，用小火慢慢炖上数个小时，直到把汤熬成嫩嫩的白色，把肉和骨头的精华全部融到汤中才算好。

一些讲究的烩面馆还会在熬汤的时候加入些滋补养人的中药材，比如党参、当归、黄芪、白芷、枸杞等，不但味美而且滋补身体。面条过水煮熟之后，浇上高汤，再加入辅料。辅料可以简单也可以复杂，可以低调也可以奢华。常见的配菜有木耳、海带丝、豆腐丝、香菜等，也可以加入粉条、鹌鹑蛋，甚至海参、鱿鱼等。一碗家常面，也可以做得高大上。

河南地处中原，土地肥沃。良好的地理和气候环境，使河南成为我国的农业大省，特别是这里小麦产量非常高，河南人因此也以面食为主。郑州的饮食中，也是面食偏多，主食为各式面条、饼、馒头等。

大学时代，我和室友逐一试吃各种面食与特色美味，烩面、拉面、刀削面、炒面、包子、花生糕、胡辣汤、蒸饺、大盘鸡……那时候觉得几乎每种食物都好吃，都吃得很香。也许是刚刚摆脱高中繁重课业的束缚，开始了相对轻松的大学生活，再加上青春期旺盛的体力，对美食有着强烈的探索欲望，我们同寝室的女孩都好像整天吃不饱一样，除了正餐还要买大量零食和消夜。

吃，成为大学新生活里重要的一项内容，以至于第一学期结束时我们每个人都体重狂增。回家过年，爸妈和亲戚都说"哎呀，长胖了长胖了"。要知道我以前可是怎么吃都吃不胖的人哪！

记得那天和爸妈在阳台上晒太阳，我穿着淡绿色的棉外套，冬日正午的阳光明艳灿烂，把我们的脸晒得微红，爸爸看着我说："看你的脸都鼓起来了呢。"那应该是我到目前为止人生最胖的时期，正是烩面的滋养，还有少女特有的胶原蛋白，成就了我白里透红的好气色，让人觉得生活好滋润。

的确，大学生活青春洋溢、丰富绚烂，那是人生中最美好的一段时光。我的母校在郑州市郊，环境优美，绿树成荫，小山和湖水相伴，景色宜人。新建的教学楼和宿舍楼明亮大气，为我们提供了很好的学习和生活环境。

在这里，我们有大把的时间学习自己真正感兴趣的东西，参加各种社团，认识很多朋友，也有时间逛城市的大街小巷，和同学结伴游山玩水。那时真是充满了朝气，每天清晨六点起床，整理内务后晨读，宿舍楼前、操场上、花坛边、山坡上、教学楼里……处处是拿着书本学习的学生，有的大声背诵，有的低头默读，校园里满是求知和探索的气息。

这得益于母校的严格管理：每天早晚两遍检查宿舍，

检查内容除了内务，还包括不能留人。学生必须出楼晨读和上晚自习，如果有睡懒觉的学生被发现，楼管阿姨就要记下她的名字，超过一定次数要写检查。同学们大多很勤奋，守纪律，学风也好。这样一届又一届地传承着，也培养了不少有作为的校友。

有时候去逛街，累了就和同学随便找一家面馆，点上一碗烩面，叫上三五个小菜，歇歇脚，填填肚子。相对于大饭店的正式和精致，面馆的气氛总让人觉得温暖又放松，食客们大声地聊天，畅快地吃面，让人觉得这才是人世间有烟火的真实生活。落座后，热情的服务员亲切地用方言问道："吃点啥？羊肉？牛肉？还是三鲜？"点好之后，稍许等待，一碗碗热气腾腾的烩面就被端上了桌。

我喜欢在烩面里加一点点红油辣椒，室友小孙喜欢加很多醋，小张喜欢就着糖蒜吃，小宋则什么都不加，她说最喜欢里面的鲜美清汤。拿起汤匙，先舀一勺高汤，初尝清香，继而浓郁，令人回味不绝。

由于人工拉扯力道的不同，碗里的烩面大部分厚实筋道，小部分比较薄，吃起来绵软，入口即化。我吃烩面有个习惯，先挑里面细细的粉丝，然后挑薄软的面，最后再吃筋道硬实的面。微微的鲜辣，使得胃口更加好，不知不觉，一大碗面就悉数进了肚。

那时形影不离的室友，其实也是我真正意义上开始的社会交往伙伴。因为上大学之前，和同学关系再好，最多也是白天一起玩耍，晚上各回各家，各找各妈。大学寝室就不一样了，六个女生，上课、吃饭、活动、就寝……一天二十四小时几乎有二十小时都在一起，这种异常亲密的相处，也很锻炼人与人之间的交流和沟通技巧，是否真的脾气相投，用不了多久就能感觉到。我们都是单纯、善良、温和的类型，相处起来很轻松，在大学四年里，虽然有过一些小摩擦，但总体上来说亲密无间。

毕业后，寝室六人中，我和另外一个女生继续读研，两个女生留在郑州工作，一个女生回了老家，还有一个女生去了南方，和网上认识的兵哥哥结了婚，后来生了一对龙凤胎，过着令人艳羡的幸福生活。

在不久前的校友聚会上，我再次见到了她们，感谢岁月并没有在我们脸上留下过多的痕迹，反而让我们增添了为人妻母的稳重，积淀了人到而立之年的淡定。嫁给兵哥哥的姑娘衣着时尚，像个摩登女郎；在郑州工作的一个女生是我们当时的寝室长，曾经微胖，但五官立体，现在瘦身成功，聚会结束后没几天，她就披上嫁衣，成了最美丽的新娘。

我们一路在遇见，一路在失散，都是天使，都在人间。当初一起吃烩面、一起长胖的时光，有那么温暖的食物和温暖的陪伴，现在想来只觉得无比珍惜、无比感恩。

烩面

面条筋道有嚼劲，高汤味道鲜美，香软的羊肉伴着清爽的配菜，瞬间就让我爱上了这道美食。

五香牛肉
低调的奢华

　　五香牛肉呈现出红褐色的光鲜色泽，一片一片铺在盘中，肉丝根根分明，肉质紧密结实。夹起一片细细品尝，有熟牛肉特有的味道，也有五味调和的独特口感；再蘸着精心调制的酱汁吃，酥松绵软的牛肉真是既酸爽又鲜美。

　　"店家，来二斤熟牛肉，一壶好酒！"看过《水浒传》的人，对这样的话一定不会陌生，牛肉就是大名鼎鼎的打虎英雄武松就餐时经常点的食物。透过这位梁山好汉的身影，我们也感受到熟牛肉的豪放与大气，它与英雄豪杰的身份是如此般配。

　　在河南，南阳的黄牛享誉全国，用南阳黄牛制成的五香牛肉，因为肉质鲜美、香味独特，在当地的美食排行榜中名列前茅。在旅游业和物流业日益发达的今天，南阳的五香牛肉走上了全国人民的餐桌，成为很多人的心头所好。

河南南阳是一个名人辈出的地方。作为国务院首批对外开放的历史文化名城，南阳有着三千年的建城史，为楚汉文化的发源地。南阳在春秋时是楚国属地，是屈原扣马谏王之地；南阳也是东汉时期光武帝刘秀的发迹之地，故有"南都""帝乡"之称。

历史上，南阳还培育了"科圣"张衡、"医圣"张仲景、"商圣"范蠡、"智圣"诸葛亮、"谋圣"姜子牙等名人。三国时期，南阳更是诸葛亮躬耕隐居之地和刘备三顾茅庐的发生地，因此名人也是古城南阳的"特产"之一。其他特产还包括：南阳玉雕、南阳烙画、南阳丝绸、南阳黄牛、赊店老酒、方城烩面等。

南阳盛产黄牛，是全国五大良种黄牛产地之一。这里的黄牛躯体高大、肌肉发达、强健有力，其肉质细腻、香味浓郁、营养丰富。在"三十亩地一头牛，老婆孩子热炕头"的时代，南阳黄牛曾经创造了南阳的农业文明。在经济飞速发展的今天，南阳也顺时顺势，大力发展肉牛生产和加工等产业，获得了一定的经济效益和社会效益。

南阳的黄牛适合做各类美食，像炖牛肉、牛肉汤、牛筋、牛肚，甚至全牛宴等，在当地都很受欢迎。其中经香料卤制而成的五香牛肉是一种非常普及的经典食物。五香牛肉味道鲜美，易于保存和运输，因此更受人们的青睐。南阳人多以面食为主，饺子、包子、烙馍及各类面条等，都是当地人常吃的食物。

一盘五香牛肉，与一碗面或两个馒头、一道热汤，都是很好的搭配，既能满足人们的口腹之欲，又能摄取丰富的热量，实在是一举两得。

说起来，五香牛肉算是一道历史悠久的美食。经典、大气，是它与生俱来的特质；随和、温润，是它不卑不亢的品性。它上得了隆重高端的盛会宴席，也下得了平民百姓的家常饭桌；可以让一桌豪华的酒菜锦上添花，也可以为饥寒交迫的人们雪中送炭。

五香牛肉的吃法有很多种，可以小火慢炖，加入配菜，借着五香牛肉本身浓郁醇厚的香气，煮一锅热气腾腾的汤菜；可以加入各种青菜、辣椒，置于大火上爆炒出一盘鲜辣美味、鲜香爽口的炒菜；可以用酱油、醋汁、蒜泥等调和一碟汁料，将五香牛肉切片蘸着吃，提升肉质本身的口感；也可以直接打开包装，用手撕这种最原始最粗犷的方法，在大快朵颐中获得最直接最本质的满足，一如打虎英雄武松当年在景阳冈大碗喝酒、大口吃肉，留下一段千古佳话。

五香牛肉是一种传统的汉族美食，在有些地方也被称为酱牛肉、卤牛肉、五香酱牛肉等。尽管各地的做法不尽相同，但基本的原理都是使多种香料的香气在漫长的熬制中缓慢地浸入牛肉的内部，从而获得酥烂松软、芳香四溢的熟牛肉。

南阳农村地区有着古老的卤牛肉方法。取上好的牛肉，支一口大铁锅，用滚水煮沸，加入从深山采来的秘制香料，用劈开的木柴烧火，经过长达半天时间的小火细熬之后，那飘散着的牛肉香味能将方圆十里的人都吸引过来。

不过现在一般家里卤牛肉，都是取一口砂罐，精选牛腱子、牛腩或者牛肋条等部位的肉，再缝制一个装卤料的布包，在其中放入花椒、八角、桂皮等香料，有些还会放入葱、姜、冰糖、料酒等辅料，慢慢地熬上几个小时，等牛肉熟烂、入味即可捞出，晾干后切成薄片，就制成了美味的五香牛肉。

五香牛肉呈现出红褐色的光鲜色泽，一片一片铺在盘中，肉丝根根分明，肉质紧密结实。夹起一片细细品尝，有熟牛肉特有的味道，也有五味调和的独特口感；再蘸着精心调制的酱汁吃，酥松绵软的牛肉真是既酸爽又鲜美。

牛肉是非常养人的食物，黄牛吃草和饲料长大，肉质非常鲜美，但所含的脂肪很少，很符合现代人绿色健康的饮食理念。牛肉不仅含有丰富的蛋白质，而且其氨基酸的组成比猪肉更接近人体需要，因此更利于消化和吸收。无论是处在生长发育时期的小孩，还是身体虚弱需要调养的病人，抑或是"三高"人群，都可以吃牛肉。妇孺皆可，老少咸宜，这就是牛肉的好处，就像黄牛温顺、亲和的性格。中医里也提到牛肉有暖胃、益气、滋养脾胃、化痰、止渴等功效，食用后可以强健筋骨、滋补养身。因此，品尝五香牛肉的过程，就是味蕾享受、身心愉悦的过程，非常过瘾。

盛产黄牛的南阳，还有一种很有特色的宴席叫作"全牛宴"。顾名思义，就是在牛的全身上下、里里外外，从牛头烹到牛尾，从牛眼吃到牛蹄，从牛肉到牛骨直到牛下水……各个部位逐一取出原材料，通过卤、煮、炒、炖、蒸、炸等各种富有创意的烹饪方法，制作出一顿丰富多样的美食。因为牛在民间也有着牛气冲天、五谷丰登的美好寓意，所以全牛宴多年来一直受到食客的欢迎和喜爱。

全牛宴中比较有特色的菜品如卤牛肉、丁香牛排、香辣牛鼻、凉调牛骨髓、烧牛尾、酸汤肥牛、炖牛掌、卤牛肚、五香蹄筋、牛大骨和烧烤系列等，可以全点也可以选择部分品尝；还有一些搭配牛肉的主食，比如牛肉面、牛肉包子、牛肉汤等，为食客提供了多种多样的选择。

吃牛肉时，总觉得有一种低调的奢华之感。牛肉不像鸡肉、猪肉等肉类在日常生活中那么普遍，价格也比它们昂贵，但牛肉丝毫不张扬，也不显山露水。它从不要求多么精致高贵的配菜，也不要求复杂的制作工艺，几分钟的煎牛排也能成就高品质的美味，一碗大多数人消费得起的牛肉面也可以令人吃得酣畅淋漓。

五香牛肉

吃完后，不仅获得了醇香芳润的口感，同时还被牛肉赋予了一种坚硬、浑厚的神奇力量，内心也变得充实丰盈。

五香牛肉的做法

食材:新鲜上好的牛腱子肉、八角、桂皮、花椒、香叶、盐、老抽、料酒、冰糖、葱、姜。

1 将牛腱子肉冷水入锅,大火煮开之后,撇去浮沫儿。

2 加入准备好的作料,用慢火熬制三小时以上,其间需要翻动牛肉,也可以用筷子在牛肉上扎几个小孔,以使其更入味。熬至牛肉熟烂酥软。

3 把牛肉捞出,晾干,切成薄片装盘即可食用。

小贴士

1 注意要顺着肉丝的纹理切,否则牛肉容易松散,影响美观。

2 可以把一些卤汁淋在肉片上,也可以用酱油、醋、蒜泥、香油等调制蘸料,与牛肉一起食用。

武陟油茶

走向快餐化的传统美食

　　这一碗油茶，虽然不是山珍海味，却有着深厚的历史渊源，感觉吃的就是一种流传绵延的文化。各种或香甜或醇厚或提神的原料经过精心配比，组合成这样奇妙的美味。入口芳香，回味甘甜，又有丝丝缕缕咸和鲜的味道来回穿梭，不过度、不腻人，却又有着足够的厚度，沁人心脾。

　　在河南焦作，有一种流行的美食叫作"武陟油茶"。说是茶，其实更像一碗粥，将面粉炒熟，混合加入花生米、芝麻、核桃仁以及数种香料和食盐，味道香浓，营养丰富，曾是风靡当地的主流早餐。很多老年人的日常清晨都是以一碗热气腾腾的油茶开始，芬芳的味道和丰富的营养，滋润并温暖了他们的一段段岁月。

如今，这种香气扑鼻的美食也加入了工业化生产的大潮，被批量生产，从而走向大江南北。

武陟油茶有两千多年的历史，在秦朝时期被称为"甘缪膏汤"。据历史记载，公元前206年楚汉相争，刘邦受伤于武德县，住在一户姓吕的家里养伤。吕以膏汤积壳茶食之，三个月后刘邦伤愈。刘邦有诗云："佳膳出武德兮，膏汤胜宫筵。"

刘邦即位后，在长安思食膏汤不得，即召吕某入宫，封为五品油茶大师，封油茶为御膳。

传统的武陟油茶属纯手工制作，需要一道道复杂的研磨和烘炒、调味工序，没有两个小时的工夫和耐心细致的制作，就不会有那样芳香浓郁的味道。

做油茶用到的食材都是一些常见的东西，小麦粉、玉米粉、芝麻、花生、核桃仁，以及八角、花椒、小茴香、丁香、肉桂、草果、陈皮等作料。这些食材经过细细的打磨和奇妙的搭配，被糅合在一碗小小的汤中，既有面粉的朴素，茶汤的黏稠，也有着扑鼻的异香。将这些食材掰开揉碎，让其重新融合在唇齿之间，数种香气与口感交织缠绵，既能使肠胃获得巨大的满足感，也能给味蕾带来丰富的愉悦感。

观看油茶的制作过程，更像参与一场亘古的隆重仪式。老式的早点摊上，摊主支起一口大锅，现场翻炒制作。

旁边摆有一把黄铜色大壶，像是装满了一肚子的历史风雨，古香古色的盘龙雕刻彰显着富贵，弧度优美的茶壶嘴高高扬起，待你静坐一旁观赏师傅做茶时，茶壶便将故事娓娓道来。

制作武陟油茶，需要先将主料小麦粉和玉米粉上笼屉蒸熟，然后平铺在面案上，摊开放凉。已经结块的面粉疙瘩要一点点地捏碎，放在筛子里精心过筛，使其成为大小均匀、质地细嫩的面粉。接下来就需要准备芝麻等辅料。

将芝麻放入锅中，轻轻翻炒，待乳白的芝麻小粒儿变成微微的焦黄色，芝麻就炒好了。接着炒花生，花生不同于芝麻的轻细微小，它个儿大又饱满多油，需要经过较长时间的烘炒，直到外表的鲜红色薄皮变成淡淡的粉红色，并闻到花生仁特有的浓香，才算炒好了。这样处理的花生，能够很轻易地去掉表皮，香味也挥发得很充分。

芝麻、花生炒制好后，经过晾放，就开始了碾碎的步骤。宽大平整的面板上，一粒粒金黄色的芝麻翘首以待，擀面杖碾过之处，芝麻微微裂开，一股浓郁的香气释放出来，还透着亮晶晶的油光，使小摊位变得熠熠生辉起来。

熟花生经过去皮之后，个个晶亮滚圆，碾压过后，分裂成一个一个细小的颗粒，带着花生特有的香味，沁人心脾。

摊主说，花生不需要碾得太碎，要保证吃起来时有一点点咀嚼的过程，更能增添油茶入口的味觉层次。同样方法处理的还有核桃仁，压碎使其成为绿豆一般大小的颗粒即可。其他各种香料，摊主一般是提前研磨成了香料粉，以便取用方便，制作快捷。

接下来炒油茶。将锅微微烧热，倒入混合筛好的面粉和玉米面，用小火炒出香味。然后分三次加入麻油炒上色后，将花生米、芝麻、核桃仁、盐和香料粉一起加入。各种食材此时混合在一口锅内，颜色丰富，层次渐变，香气更是交织互融，令嗅觉异彩纷呈，分不清是何种材料发出的香味。香气在热气的烘托下袅袅升起，氤氲满室。经过这一番炒制，油茶面就制作完毕了，加入沸水冲泡，或者放入锅中煮制，都可以做成一碗香气四溢、营养丰富的油茶。

最有神秘仪式感的是看摊主从那把黄澄澄、金灿灿的大铜壶里将油茶倒出来的过程。此时此刻，回忆交织，思绪仿佛穿越回长衫飘飘的古代，繁华热闹的茶馆，熙熙攘攘的人群，品着口味纯正的油茶，听着口绽莲花的说书人讲的跌宕起伏的故事。

在颜色古朴的木质方桌上的精致小碗里，咖啡色的茶汤质地黏稠丰厚，其间漂浮着细细小小的花生、核桃仁颗粒，还有若隐若现的芝麻仁，尝一口口感细腻又丰富。

这一碗油茶，虽然不是山珍海味，却有着深厚的历史渊源，感觉吃的就是一种流传绵延的文化。各种或香甜或醇厚或提神的原料经过精心配比，组合成这样奇妙的美味。入口芳香，回味甘甜，又有丝丝缕缕咸和鲜的味道来回穿梭，不过度、不腻人，却又有着足够的厚度，沁人心脾。

小麦的淀粉和各种果仁的精华，成就了这碗热汤的丰盛营养，虽然被称为茶，其实更像粥，浓得肆意，稠得盈怀，香得醉人。拿起小勺慢慢品尝，好像怕稍有不慎就错过评书里的一句话，神话里的一个细节。饮用完毕，内心顿觉丰盈，收获满满。

一碗油茶看似简单，要做好却很难。特别是现在，亲自动手制作油茶的人少了，大部分人的早点餐单里也没有了油茶的影子。它像一本有些没落的经典，变得黯淡势浅起来，只剩一些零星的片段。当人们想怀怀旧，重温经典，或者外地旅客来此游玩时，油茶才会重新登场，一展当日的风华。不过，更多的时候，人们会在超市的货架、土特产商品店，或是网购时发现武陟油茶的身影，那是一种速溶茶面，便于保存和运输，可以用开水直接冲泡饮用。

人们这才发现，不知道什么时候，武陟油茶也加入了工业化批量生产的大军，以机器大规模生产制作的技术，制造成适合现代人饮食习惯和生活节奏的快速消费品。说不清是一种什么样的感觉，就是小时候，那个香到穿越大街小巷、能叫醒你起床的食物，慢慢地转型了，变成了更加普及、更加方便的一种食品。它还是它，就是形式变了，样子变了，但感觉还在。

通过发达的网络和快速的物流，全国各地的人都可以喝到武陟油茶，武陟油茶的名气也越来越大。谁来焦作旅游都会捎上几包回去，因为这是焦作的特产，也是焦作的象征。

说不清是现代生活改变了武陟油茶，还是它主动适应了现代人的生活节奏。其实不止油茶，很多传统的特产和美食，过去必须经由手工调和、现场制作，现在也可以用机器批量生产，简化了其制作过程，并且可以密封真空保存，延长了保质期。像信阳热干面、开封灌汤包、郑州烩面、逍遥镇胡辣汤，像老北京的糖堆儿、天津的煎饼果子等，都可以做成这种方便食品，在超市、商店或网络上售卖，不仅大江南北的美食爱好者可以吃到，就连远在国外的华人华侨都能买到，真正走出了国门。

不得不说，这也是一种权宜之计。当你怀着浓烈的乡愁，就想尝一口故乡的食物时，不用亲自回去，通过网络就能买到它，虽然味道上略打折扣，但是心理上得到了满足。我们吃的就是一种情怀，特别是一个地方富有代表性和象征意义的食物，更是凝聚了大部分人的乡情和寄托。一种食物，就是一个家乡。

但是对于游客来说，要想品尝当地最正宗的美食，最好还是去实地品尝，因为这种包装所加工的速食，只能帮你品尝食物的大概味道，甚至还很可能造成你对当地特产味道上的认知错误。

我就有过这样的经历，带着几包真空包装的胡辣汤原料送朋友，他们都说没有传说中的好喝。我想要么是制作方法上的差异，要么就是味道上的不同导致了这样的落差吧。

未来何去何从，是很多传统美食的传承人需要思考的问题。当然，这也是很多美食技艺的传承者需要解决的难题。

如何让传统美食既不在滚滚前进的工业化浪潮中被淹没而消失，也不流于俗套，复制其他食品都走的老路，搞雷同和山寨；如何能保持延续千年的技艺和工序，又能结合特定美食自身食材与口味的特点，在传承中创新，开发出跟得上现代人的饮食和生活步调的新美食，这应该是人们大致的努力方向吧。

武陟油茶

咖啡色的茶汤质地黏稠丰厚，其间漂浮着细细小小的花生、核桃仁颗粒，还有若隐若现的芝麻仁，口感细腻又丰富。

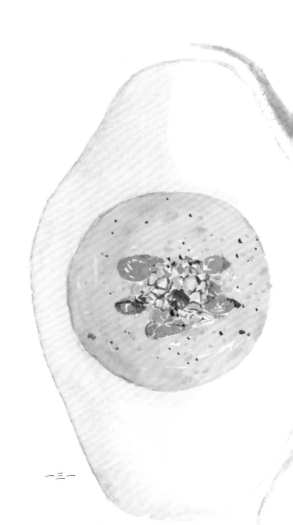

善始方能善终

固始鹅块

　　菜品被包裹在琥珀色的鲜汤之中，望之即令人食欲大振，跃跃欲试。夹起一块鹅肉，品尝之前就闻到了四溢的香气，放入嘴中，鲜嫩软滑，酥烂又不失筋道，鹅肉的鲜美与辣椒的香辣、香料的醇厚相得益彰，既香又辣，咸香适中。配着汤汁的柔滑爽口，真是一道既好吃又下饭的美味。

　　欲善其终，先固其始。在河南省的东南一隅，有一座安静美丽的小城固始，它依山傍水，四季常青，至今还保留着最接近原始的生态环境和耕作方式，因此山清水秀，物产肥美。

　　这里盛产的很多绿色天然食品，也为现代社会追求健康环保的美食爱好者们津津乐道。加上当地人善于烹饪的高超技艺，就有了极负盛名的固始美食，不仅在河南打出了响当当的名声，而且走向了全国，让更多的人都能享受到这种食材鲜美、厨艺精巧、口味纯正的原生态美食。

固始处于鄂豫皖三省交界处，因此在饮食口味上也是集三地之大成而独具特色。不同于普通中原豫菜的五味调和、口味咸淡适中，这里的饮食咸香有加，稍微偏辣。固始人很善于做炖菜，炖菜既保留了食材中的原始营养，也获得了奇佳的口感。

人们说河南饮食是"北面、南炖、西水、东扒"，大意是指河南地大物博，各地饮食也有所不同，北方地区以面食为主，南方则擅长炖菜，西部地区以汤汤水水著称，东部则善于扒菜。

这里说的南部，主要指信阳一带，人们喜欢制作各种炖菜。固始也不例外，很多美食都是由小火慢炖而成，比如很有名气的固始鹅块这道菜，同样也离不开数个小时的精心熬制，是在时间与温度之上成就的有厚度、有质感的美味。

固始县城清晨的早点摊上，热气升腾、酸辣浓烈的胡辣汤吸引着大批食客，男女老少人手一碗，以驱赶冬日里的寒冷。与汤搭配的，常常是一块大饼、一盘鹅块，白面的香甜配着油亮咸鲜的鹅块，使人沉浸在美味的世界里，又获得了丰富多元的营养。吃完这顿可口的早餐，一整天都觉得心里暖融融的，充满力量。任世事复杂多变，工作充满困难和挑战，我有我的能量去解决。

同样，午餐和晚餐，固始人也常常以鹅块为菜。随着固始人的外出和迁移，固始菜馆在各地遍地开花，鹅块也在各地出了名。

每逢宴请宾客，固始鹅块必定香飘满堂，带着鲜亮红润的汤、清丽淡黄的肉，成为餐桌上一道独特的风景。近看，素雅透亮的汤盘中，鲜红的辣椒、翠绿的香葱、嫩黄的姜丝……色彩斑斓、香味扑鼻，覆盖着的金灿灿的鹅块，一块块或码得整齐，或随意放置，怎么看都卖相优雅，端庄大气。

菜品被包裹在琥珀色的鲜汤之中，望之即令人食欲大振，跃跃欲试。夹起一块鹅肉，品尝之前就闻到了四溢的香气，放入嘴中，鲜嫩软滑，酥烂又不失筋道，鹅肉的鲜美与辣椒的香辣、香料的醇厚相得益彰，既香又辣，咸香适中。配着汤汁的柔滑爽口，真是一道既好吃又下饭的美味。

鹅，白毛红掌，曲颈向天，步态优雅，有着贵族的姿态。固始鹅块，取材于固始野外放养的鹅，这种鹅食青草、小虫，饮河水、露珠，因而肉质紧实香嫩，与普通圈养的鹅大有不同。这样的食材，即使用最普通的作料和最简单的烹饪手法，做出的食物味道也会极佳。

如同固始的名字一样，当地人也深谙"欲善其终，必固其始"的道理，无论是做菜还是为人，都稳扎稳打，从初始阶段就兢兢业业，为之后的成功打下坚实的基础。

固始盛产美味，在全省乃至全国都颇有名气。这首先得益于其良好的地理位置，有四季分明的气候和丰沛的阳光雨水，为水稻、小麦、茶叶、板栗等农作物以及各种家禽的生长提供了良好的自然条件。其次，固始人懂得因地制宜，懂得珍惜和保护大自然的资源馈赠。他们将生态自然的耕种方式延续下去，即使在工业化高度发达的今天，其全境内也几乎没有什么污染和破坏环境的企业，这最大限度地保护了纯天然的绿色资源，也使得人们能获得甘甜清冽的水和清新的空气，获得健康的有机食物。

固始的很多特产都以天然和健康著称。比如散养在茶园里的柴鸡，每天在山坡上自由活动，沐浴着阳光，呼吸着新鲜空气，闻着毛尖茶的清香，吃着泥土中芬芳的嫩草和鲜活的小虫子。在绿色生态环境中长大的柴鸡不仅肌肉结实、肉质鲜嫩，下的鸡蛋也是鲜香嫩黄、美味可口，富含丰富的蛋白质等营养成分。

再如有名的固始黑猪，也是不用猪圈，而是散养在山上，这样猪可以充分地运动，每日只喂食当地种植的鲜南瓜、红薯等素食。黑猪体型健美，瘦肉多肥肉少，而且肉质细腻柔软，用它做的菜有着普通猪肉难以比拟的香味，是很多美食中的基础原料。

固始人坚持原始的制作和烹饪方法，比如闻名全国的挂面，就是采用精制的小麦磨成面粉，用井水和面，手工拉面、押面，再放在阳光下晾晒干爽，这样的面条细如发丝，却筋道耐嚼，面香满口。再如固始特产嫩头青萝卜，不打农药不用化肥，坚持依靠自然的力量种植成熟，萝卜通身青翠，甘甜多汁，像苹果一样好吃。

当地人保存萝卜的方法也足够天然，他们不喜欢把萝卜放进冰箱中冷藏，而是趁萝卜新鲜水灵时，在泥地里挖一个深坑将其掩埋，通过封闭的泥土隔绝外部空气，让萝卜保鲜，随吃随取。

在食材上开好头，就有了做出美味的根本。质地晶莹鲜美的鹅肉，经清水的浸泡和柴火的慢炖，获得鲜美异常的口感，也把很多营养释放到了汤里。用炖鹅的原汤稍加作料即可烹煮出美味可口的鲜汤，再淋浇到切好的鹅块上，就成了这道有名的固始鹅块。

其实很多固始菜都用料天然、工艺简单，却味道鲜香浓郁，吃后齿颊留香、回味无穷，这很大程度上是因为食材好，水到渠成。

比如固始另一道名菜皮丝，就是用固始特产野生黑猪的猪皮制作而成。别处做菜弃之不用的猪皮，在这里可是珍稀宝贵的东西。将其在沸水中煮熟，用刀片成薄片，再切成细细长长的丝状，就可以制作成富含胶原蛋白又爽滑筋道的皮丝。把这种外表像粉条一样的食材放在阳光下晒一个星期，等待其中的水分全部析出，成为干爽的长条，皮丝就做好了。

这种食物能够长期保存，也适宜运输，可以凉拌，可以蒸煮，还可以炒着吃。炒的时候和上搅匀的鸡蛋液，再加上葱花，只简单翻炒一下就能做出一道色香味俱佳的皮丝，金黄翠绿，香酥柔滑，并且不含脂肪，很适合爱美又爱苗条的女士食用。

任何一件有意义的事情，都值得我们去做；任何值得去做的事，我们都应该做得尽善尽美。味道简单又醇厚的各种固始菜里，既有各种食材与温度的相偎相伴，也有各种情谊和人生的交织重叠。食物与人情，始终是互相缠绕、密不可分的。

因着各种资源和食材的丰富，也因着烹饪厨艺的高超，很多固始人走出家乡到外地闯荡，凭着对食物的热忱和对料理的记忆，去开一家菜馆，为更多的人带来有固始味道的美食。固始人时常在空闲时相约，研究菜谱，尝试新菜，根据外地食客的口味变化更新现有的搭配，或者发明新的菜式。

无论是香菇炖土鸡煲，还是固始燉鹅块、黄鳝炒腊肉……都需要选用上乘的食材原料，才能做出美好的味道。固始菜的发展，与固始人的执着密不可分。他们很注重同乡情谊，他们很爱抱团发展，在很多老乡聚会的时候，打一桌麻将，品品毛尖茶，创造一个乡情浓郁的共享空间。遇到刚刚走出来创业的同乡，固始人经常是互相扶持帮带，共同寻求发展致富的路子。

我想，这就是一种牵连吧。呼吸着同一片空气，共饮着一河之水，吃着相同味道的食物，使得同乡的人们有了很多共通的地方。烹饪菜肴和为人处世一样，固始人靠着踏实勤恳和善始善终，把最鲜妙的食材和最完美的味道呈献给世界。

固始鹅块

每逢宴请，
固始鹅块必定香飘满堂，
带着鲜亮红润的汤，
清丽淡黄的肉，
成为餐桌上一道独特的风景。

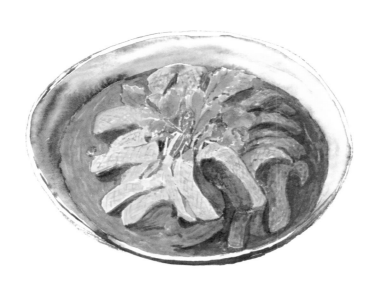

固始鹅块 的 做法

食材:一只宰好洗干净的鹅、鹅油、葱、姜、蒜、盐、尖椒、香菜。

1　将整只鹅放入汤锅中,配上葱和姜,用小火慢炖一个小时以上,待鹅肉变得酥烂后关火,然后捞出晾干。

2　用鹅油、葱、姜、蒜以及适量的尖椒炝锅。

3　翻炒之后,往锅里加入高汤,也就是之前炖鹅时煮出的汤,加盐,煮开后,就制成了红亮鲜辣的汤汁。

4　将鹅切成块,装入盘中,浇上汤汁,再点缀一些葱、香菜即可。葱不能加得太早,以保持葱的鲜绿。

鲜肉馄饨

像爱情一样翩翩起舞

烧开水，下馄饨入锅，洁白的小精灵在滚水中漂浮、游动，又犹如花朵在缓缓绽放、盛开。还可以加入紫菜、虾米、豆腐丝等。看上去黑白分明、鲜艳明亮。如此赏心悦目的食物，又怎会不好吃？咬一口，鲜美、香滑、清爽、滋润，一下子就戳中了心中最期待的角落。

馄饨，是中国北方传统面食之一，也是河南人常吃的食物。薄皮裹馅儿，再下入沸水，用紫菜、虾米煮汤，味道鲜美、老少咸宜。

在我的记忆中，对馄饨的喜爱要远远胜过饺子。如果说饺子大气、美味，具有逢年过节必吃的象征意义，那么馄饨这种食物则小巧、精致、细腻、柔软、随性，更对我的胃口。

我小时候特别挑食，晚饭如果是面条、饺子、馒头之类，我就不爱吃。善解人意的妈妈看穿了我的小心思，时常为我包一些鲜肉馄饨，以唤醒我消极倦怠的食欲。

妈妈先用切好的新鲜的猪肉加上葱、姜、生抽、食盐、味精、水等调好馅儿料，接着和面，将揉好的面团放在案板中央，拿起一根长长的擀面杖，先将面团压成圆形面片，然后卷在擀面杖上，开始用力地擀压。用恰到好处的力道擀制成薄薄的面片，再用刀切成上小下大的梯形，叠成一摞。拿起一张面皮，对着亮光一照，面皮近乎透明又不乏弹力和韧性，这才是能够将肉馅儿紧致包裹的好外衣。

我喜欢看妈妈包馄饨的样子。只见她双手十指翻飞，使馅儿料与面皮合而为一，一颗一颗小馄饨宛如蝴蝶在翩翩起舞。不一会儿，面板上就出现了一大片排列整齐的小馄饨，像一个个小士兵，探着脑袋，翘首以待。

烧开水，下馄饨入锅，洁白的小精灵在滚水中漂浮、游动，又犹如花朵在缓缓绽放、盛开。还可以加入紫菜、虾米、豆腐丝等。看上去黑白分明、鲜艳明亮。如此赏心悦目的食物，又怎会不好吃？咬一口，鲜美、香滑、清爽、滋润，一下子就戳中了心中最期待的角落。

小馄饨、桂花粥……这些常常出现在电影里的食物，它们精致、小巧，往往被美丽优雅、顾盼生姿的女主角所钟爱，由此引出一段浪漫的爱情故事。

在王家卫的电影《花样年华》里，一袭旗袍的苏丽珍摇曳生姿，在深夜去街角处买云吞面时和周慕云相遇，情愫暗生。两位男女主人公提着云吞面萍水相逢，各怀心事，欲语还休。一份云吞面，细长爽滑的面条，鲜肉虾仁的馄饨，将那个年代的风情一展无遗，也让故事的情节有了生活气息。茫茫人海，饮食男女，情感纠葛，耐人寻味。

这让我想起遇到他的情景。大学毕业后，我去了一个陌生的城市，开始了第一份工作，这对刚刚走出校园的我都是挑战。有时候觉得自己渺小孤独，有时候彷徨迷惘，有时候力不从心，因此很想在深夜里吃一碗热乎乎的小馄饨，用它的柔软鲜香安慰自己疲惫的身心。

时值七月的盛夏，天空晴朗，是那种一眼望得到底，不掺杂任何云丝雾霭，也没有雨水劲风阻隔的天空，是那样彻彻底底的干净爽朗。路边不知名的白色粉色花朵，层层叠叠地缀满枝头。一个外表干净、看起来赏心悦目的男孩，就这样出现在了我面前。他阳光、英俊，笑的时候又带着几分羞涩，他从我身边走过，空气里顿时仿佛有光芒闪烁，照亮了彼时空旷的内心。可是开始的时候，仅仅是光芒，谁又能想到是否会照到远方彼此的人生路。

渐渐地，我们在工作上有了接触，聊天的频率和内容也慢慢增加，便开始了暗暗的暧昧。我这样的个性，除非对方主动，不然我就会一直等下去。

我的人生里，有太多顺其自然，最后把期待都"顺"掉的经历。暧昧的互动，并不靠谱，有一搭无一搭的关心只停留在表面，也不能深入内核。彼此在人群中多看了一眼，也许对待别人也是同样。

人家并没有说喜欢你，干吗这么投入？这样想着，我期待的心情也就淡了，于是决定把精力都放在工作上。

正好他安排了一次远行，要离开这个城市十余天。走就走吧，我的生活也要继续。一个人也可以过得很好，和同事打成一片，和闺蜜说说笑笑。直到有一天下班后，与当时合租的室友一同逛街，在车水马龙、人潮涌动的天桥上，我对着那一片繁华霓虹黯然伤神。室友问："你是想他了吗？"我才知道原来自己的心情都写在脸上。

几天后，他回来了，给我带了好多礼物。他给我看了在另一个城市时在寺庙求的签，大意是：有一份美好的姻缘就在眼前，要努力争取、万分珍惜，莫要等错过后才去后悔。

他说，拿到签的一瞬间就想给我看，之前他也想了很多，怕我们不合适，怕他不够好，不能给我足够的幸福等等，但是他觉得这签点醒了他，没有什么比珍惜当下更重要。

那天晚上，我们一起散步，静静地没有说话，只是沿着马路走了好久，仿佛一直要走到时空的尽头。最后，我们实在累了，就拐进路边一家小吃馆，他为我点了份馄饨。

彼时已是冬季，寒风吹得浑身瑟瑟发抖，正好遇到一碗热腾腾的小馄饨，那一刻觉得从头到脚都是温暖的、欢喜的，甚至得意的。相对无言，就那样陪在彼此的身边，一瞬间所有的不安都化为踏实的平静。人与人之间，穿透对方坚硬壳膜、复杂血肉，感受到真实情思的一刻，就是当下的相知。我想，这就是天意吧。

面对感情，我们常常考虑过多、纠结思量，其实遵从自己的本心，才会过得简单快乐。

很多人纠结一些外在的条件，对方是否英俊帅气、高大挺拔，家中是否有房有车，工作是否收入不菲。也有很多人纠结于两人性格秉性是否能够互补或者相近，社交圈子是不是一致。各种问题层出不穷，越想越累，却迟迟找不到所谓合适的人。

其实很多时候，开始一段感情没有必要想那么多，爱情哪有这么多预设、挑选的选项，不过是在对的时间对的地点遇见对的人，轻轻地对着他说，原来你也在这里。我想，感情上的天意也需要人为吧。

我们自然而然地走到了一起，结婚生子，成为彼此人生中最重要的另一半。一路走来也经历了些许坎坷，但每一次，我都会想到最初的决定，想到那碗热气腾腾的小馄饨，便觉得无限温暖。两人能相遇、相爱、相知是多么不易，应该努力珍惜，宽容平和对待，没有什么是过不去的坎儿。

一直觉得，能够在千万人之中，遇到命中注定的那个人，那种恰好契合，那种四目相对，真的很美。任时光静静流逝，清风细雨微露转浓，这样两相望就好。我认为喜欢和爱的区别是：爱可以包容对方的缺点，患难与共；喜欢则是欣赏对方的优点。至于相爱的人如何好好相处，应由时间教会我们，所以不必着急。

譬如说，我是个慢性子，做事不急不躁，什么事情都喜欢慢慢悠悠地进行，而他的性格则比较急，晚了三分钟就要叫苦不迭；我平时喜欢吃米饭，而他的主食从来只有馒头和大饼；再比如，我偏爱馄饨，他喜欢吃饺子……但这并不妨碍我们和谐相处、步调一致。关键是要有感情、有耐心，愿意站在对方的角度多考虑。他会尝试我所喜爱的，我会考虑他所习惯的，彼此慢慢磨合。

我们会经常一起吃馄饨，作为正餐也好，夜宵也罢，就那样慢慢地、悠闲地享用。身边有爱的人陪伴，那是一种安宁的感觉，一种笃定的幸福。

馄饨在四川被称作"抄手"，据说是"牵起你的手"之意，是一种寓意浪漫的食物。执子之手，与子偕老，是一种愿望，也是一种约定，让人们用行动去完成。

此刻最好，别说来日方长；时光难留，只有一去不返。是的，爱一个人，成一个家，你为夫君走下凡尘、洗手做羹汤，他为你努力工作、赚钱养家。在柴米油盐构成的俗世生活里，夫妻二人携手前行，相濡以沫，只羡鸳鸯不羡仙。如同一张面皮先加入馅儿料，再将其两端紧密地捏合在一起，组成一个新的形状，才是完美的小馄饨。

鲜肉馄饨

薄皮裹馅儿，下入沸水，
紫菜、虾米煮汤，
味道鲜美，老少咸宜。

鲜肉馄饨 的 做法

食材：面粉、水、猪肉馅儿、盐、生抽、味精、香油、葱姜末儿、高汤、紫菜、虾米、豆腐丝等。

1　将一定比例的面粉和水，揉成光滑的面团，再用擀面杖擀成薄薄的面片，切成正方形或梯形。

2　在猪肉馅儿中加盐、生抽、水、味精、葱姜末儿等，搅拌均匀，还可以加一点香油提味。

3　取一张馄饨皮，在中间放入适量肉馅儿，将馄饨皮上下对折，再向内对半折，最后将下边的左右两角折到一起捏紧，以防馅儿被挤出来。

4　在锅中放入高汤，待其沸腾后将包好的馄饨下锅，并用大勺不断地搅拌防止粘连、粘锅。开锅后，可以加入紫菜、虾米、豆腐丝等，煮熟后捞出即可。

信阳热干面
心坎儿上的故乡味道

煮面时最好用一口大的铝锅，将水烧得滚开，用漏勺量好一碗面的分量，过水煮熟。为了最大限度地保留面条爽滑筋道的口感，煮面时一定要注意火候，少一分则面太生，多一分则面太软。将煮好的面和配菜捞出盛入大碗，淋上芝麻酱，并撒上准备好的调料，就可以端上桌了。

食物、水和空气，对我们而言缺一不可。但食物的多种多样性，常常令我们眼花缭乱。到现在我走了很多城市，吃过很多美食，常常想起的却是一些家常的小吃，比如家乡的热干面。小时候天天吃并不在意，现在生活在离家一千多公里的地方却时时想起它。那味道，已经随着故乡烙在心坎儿里，无论我走到哪里都不会忘记。

我要说的热干面，并不是众所周知的武汉热干面，而是与武汉相邻的河南信阳，我家乡的热干面。是的，热干面发源于武汉，后来流传到信阳落地生根并且发扬光大，闪着独特的光芒，成为信阳人早餐中的大明星。弹性筋道的面条配上清脆爽口的绿豆芽，拌上浓郁香醇的芝麻酱，佐以辛烈的鲜辣粉和清爽的葱花，爱吃辣的再舀一勺红油辣椒……一半以上的信阳人，都会以一碗香气四溢的热干面开始美好的一天。

　　信阳位于河南省的最南部，与湖北省交界，在气候、饮食和文化等很多方面与湖北省有共性。一隅小城，山清水秀，土特产中有毛尖茶、南湾鱼、罗山板栗、新县银杏、商城黑猪、息县香稻丸……这里既种植北方的小麦，也种植南方的水稻，米饭和面食并驾齐驱。在早餐中，热干面和小笼包是比较常见的主食，当然还有米线、汤粉、鸡蛋灌饼、炒米饭、蒸面条、水煎包、胡辣汤、八宝粥、小馄饨等好多选择，不过我最爱的还是热干面。

　　还在上小学时，爸爸每天早上骑自行车带着我去上学，每天的早饭就是学校附近店里的一碗热干面，爸爸吃五毛钱的大份，我吃三毛钱的小份，还有免费的稀饭。店是那种小小的门面，灶台就设在大门口，屋里摆着七八张木桌以及长条板凳。在门口点好饭，进去坐下等个两三分钟，老板就会做好了端上来。在白地蓝边的大碗里，刚刚煮好的金黄色面条热气升腾，几勺褐色的芝麻酱，拌着食盐、鲜辣粉、胡椒、葱花、豆芽，呈现在面前。

爸爸一般会先给我拌面，待全部搅拌均匀后，面条和调料、配菜已经完美地融合成一体，每一根面条上都粘着酱，香气发散开来，特别是在寒冷的冬天，能够迅速勾起人的食欲，温暖冰凉的肠胃。

食客中，一些女士吃相优雅，不慌不忙地享用着美味；一些男士则挽起袖子狼吞虎咽，不一会儿就将面条消灭干净，真是酣畅淋漓。吃几口面，喝一口稀饭，巧妙地化解了面的小干和酱的小腻。

此外，甜豆浆、甜豆腐脑与热干面都是不错的搭配，咸中有甜，像生活般辛中有甘，错落起伏。吃饭的时候，爸爸会简短地和我聊天，说说在学校里要注意的事，交代我好好听讲，或是聊聊生活中的小趣事。总之，早饭时光是一天中无比轻松惬意的时光。涓涓的父爱和人生的哲理无形中滋养润染着小小孩童的心，那样的情景伴着热干面的香气，陪伴着我整个童年，成为我心里的一道光，使我始终能以平和友善的态度面对遇到的人和事，以积极快乐的情绪面对生活。

后来到北方读大学，离开了熟悉的热干面，也离开了亲爱的爸爸妈妈。还记得他们送我上学时在校门口分别的情景，说完再见后彼此不敢转身，因为怕多看一眼泪水就会流出来。

好多年以后妈妈回想起当年，还记得我挥手说再见的身影，其实我又何尝不记得当时的他们。那一次再见，标志着我的成年，从十八岁开始直到现在，我再也没有像小时候那样和父母朝夕相处的时光。

每次回家的时间都有限，所以更觉珍贵，爸妈每次都绞尽脑汁地做好吃的，鸡鸭鱼肉样样都有，但是早饭，我还是留给最爱的热干面，特别喜欢拖着爸妈一起去吃。坐在人声鼎沸的店里，全家人一起享用温馨的一餐，看似稀松平常，其实弥足珍贵。

网上流传着一个帖子，计算在外工作的孩子一共能陪父母多少天，少得可怜的数字令人心酸。由于工作性质的关系，我每年都有多于常人的假期，得以带着孩子回家小住，看着父母对孙辈的宠溺和开心的笑容，觉得幸福就是这样简单。

在异乡想起那美味的热干面时，曾四处搜罗，但是都没有找到，大多是面条不对，或是作料差了一两味。记得小时候，妈妈也亲手为家人做过热干面。那是从轧面条的小铺里买来的专用面条，选用北方的精面粉，里面放有碱和食盐，这样轧出来的面条筋道且富有弹性，口感更好。

妈妈将这样的面先是过水煮，然后捞出，用油全部抹匀，放在面板上晾干。面条经过上述工序的处理，此时已经有几分熟。其由于大量碱的加入呈现出金黄色，再经油浸润，变得亮晶晶、圆鼓鼓的，散发着诱人的光泽。等面凉的间隙，妈妈着手准备调料。小磨香油调和着鲜美的芝麻酱，飘出醇厚的香味，它是热干面的灵魂，好吃的热干面必须配有好的芝麻酱。

另有一味重要的调料——鲜辣粉。我不记得具体的牌子，反正信阳地区的超市一般都有卖。然后是酱油、五香粉、胡椒粉、鸡精、红油辣椒、榨菜、葱花、香菜……这些都可以依据个人口味酌量添加。

煮面时最好用一口大的铝锅，将水烧得滚开，用漏勺量好一碗面的分量，过水煮熟。为了最大限度地保留面条爽滑筋道的口感，煮面时一定要注意火候，少一分则面太生，多一分则面太软。将煮好的面和配菜捞出盛入大碗，淋上芝麻酱，并撒上准备好的调料，就可以端上桌了。

妈妈做好热干面后，我们全家四口人围坐在饭桌前，吃着美味的面条，聊聊家长里短，谈谈单位趣事，说说学校见闻，抑或我和妹妹斗斗嘴，这是记忆中多么平凡又深刻的片段啊！很多年后的今天，我已在天津结婚生子，也担起了家庭主妇的角色，每天为家人做几道小菜，端上饭桌。我做出的好多菜式，都是在模仿妈妈，搜索记忆中妈妈做菜的味道，凭感觉复制，不会的地方还会反复在电话、微信视频里面询问她。因为那些菜，让我觉得温暖，觉得安心，即使在异乡生活也会觉得父母家人离自己不远。

记得有两次妈妈坐十几个小时的卧铺到天津看我，就在包里装了几斤晾好的热干面条，在我现在的家里给我和妹妹做热干面，我和妹妹争相吃完。

妹妹小时候并不是很爱吃热干面，她更偏爱汤粉，但这是妈妈不远千里带来的心意，理所当然要享用完毕，因为那是故乡特有的美食，那是妈妈的味道、家乡的味道。就像一碗热干面，实在是朴素家常的小吃，没有昂贵稀有的食材，也没有复杂繁多的制作，所需要的就是水、面粉、食用油、芝麻酱和几味调料，但它是我们日常爱吃的食物，不仅可口，更能提供生命存续必需的物质和能量。

一碗热干面从下锅到出锅只需要两三分钟的时间，方便快捷，适合上班族早上的忙碌节奏，我想这一点也是信阳人长年将热干面作为早餐首选的原因吧。

经过岁月的变迁，热干面的作料也经历了调整和改良。比如有些人会在面里浇上鸡汤，有些人会加上雪菜、萝卜干、花生碎等配料，有些人会把千张豆腐切成丝和面条一起下锅煮，甚至有的人还会加上牛肉片、火腿或者卤蛋，以适应不同区域、不同时代、不同人们的口味。

但是无论怎样变，面条的制作和芝麻酱的调和，仍是热干面的根本，在流逝的时间里会永久保存。

在一天里最重要的早餐中，热干面永远在信阳人心目中占据着最重要的位置，它以其简单低调的食材和制作，用无法抵挡的香味，热烈高调地迎接着精彩生活的到来。

有趣的是，每次带女儿回故乡，她竟也爱吃热干面，由于她太小我不敢多给她吃，但她总是要吃上几口才觉得满足。我想，这就是所谓的传承吧。一代又一代的人，传承着家乡的美味，传承着故乡的习俗，同时也在向外走的过程中不断加入新的元素，在传承中创新，使它变得更好。

信阳热干面

弹性筋道的面条，
配上清脆爽口的绿豆芽、
浓郁香醇的芝麻酱，
佐以辛烈的鲜辣粉和清爽的葱花，
爱吃辣的再舀一勺红油辣椒……

信阳热干面的做法

食材：面粉、碱面、盐、芝麻酱、绿豆芽、豆腐丝、鲜辣粉、
五香粉、胡椒粉、鸡精、红油辣椒、食用油、榨菜、
葱花、香菜等。

1　盐和碱面按比例加入面粉中，制作成面条。

2　将面条下锅煮，开锅后即捞出，然后将面条均匀地
　　抹上食用油，晾干。

3　往锅中加水烧开煮面，煮面时可加入绿豆芽、豆腐
　　丝等配菜。

4　面条捞出后装入大碗，依据自己的口味加入准备好
　　的芝麻酱、盐、鲜辣粉、五香粉、胡椒粉、鸡精、
　　红油辣椒、榨菜、葱花、香菜等作料后，拌匀即可
　　食用。

小贴士

1　面条不建议煮太久，否则口感不好且过软不宜拌开。

2　浇上一勺鸡汤，美味会加倍。

信阳腊肉

凝固时光的美食

取一块腊肉，炖汤、炒菜，都是很好的吃法。春天，是吃莴笋的季节，用莴笋炖一锅腊肉，肉鲜美咸香、嚼劲十足，笋清爽干净、青翠欲滴，真是绝妙的搭配。还有青椒炒腊肉、蒜苗炒腊肉等，切成薄片的腊肉经过油的翻炒，肥的部分已经近乎透明，闪着晶莹的光泽；瘦的部分呈深褐色，肉丝根根分明。

信阳，豫风楚韵，鱼米之乡，有人说这里是吃货的天堂。早上起来，有热干面、胡辣汤、小笼包、糍粑等美味早餐；午餐晚饭，有南湾鱼、固始鹅、罗山炖菜、息县面炕鸡、商城麻鸭等多种选择；日常小吃，有信阳板栗、油酥火烧、石凉粉、烧饼夹串……总之，穿行在大街小巷，流连于城市庄户，随处都有诱人的美食。在临近过年的时候，美食又是多上加多，"杀年猪，做米酒，打糍粑，腌腊肉！"家家户户又开始忙着准备一种特别的美食——腊肉。

说起腊肉，大部分中国人应该都很熟悉。在广东、湖南、四川等地，腊肉在人们的餐桌上占有重要地位。很多地方的游子，不管走多远，心里都怀念着故乡腊肉的味道，甚至已经成为一种乡愁，一种情结。

河南信阳的大部分地区也都有腌制腊肉的习惯，腊鱼、腊狗、腊猪、腊鸭、腊鹅……绝大多数肉类都可以制成腊肉，以其特有的咸香和浓郁口感，成为当地人心中一种经典的美食代表。

腊肉在信阳人的饮食习惯中有很长的历史，当地民间历来有腌制咸肉的习惯。在过去没有冰箱的岁月里，新鲜的肉类要想得到长久保存，确实需要人们颇费一番心思。

如同腌制咸菜、酱货一样，人们想到了把肉类也进行腌制。最初的咸肉制品，主要也是利用食盐，使鲜肉中的水分析出，将盐分渗透进去，因此腌肉制品紧缩，而具有抑制微生物繁殖及防腐的作用，这样就把肉类加工成了能够长时间保存的食品。腊肉，是在此基础上的进一步发展。首先要对肉进行腌制，加入适量的作料，然后风干、晾晒，成为具有独特香味的腊肉。

制作腊肉的最佳时节是在冬天的腊月，这也是腊肉得名的原因。此时临近新年，家家户户都要杀鸡宰羊，买上几十斤猪肉……因此制作腊肉的原材料特别丰富。腊月里天气寒冷，也是制作腊肉的必备条件。

还记得小时候姥姥制作腊肉的情景。那时的农村，辛苦养了一年的大肥猪，在过年才会舍得杀。数百斤的猪肉中，姥姥事先会选好肥瘦相宜的部分，比如猪后臀，切成约五厘米厚的长条，均匀地抹上食盐、花椒等作料，再腌制大约一周。腌好的肉，用一个个Ｓ形的铁钩挂起来，放在户外通风良好的地方晾晒。

冬日里特有的阳光，明亮和煦，却不耀眼，也不灼热，就那样温和地照晒着我们准备的年货；冬日里特有的寒风，凛冽清冷，呼啸而过，带走了肉中的水分。在作料的综合作用下，肉保留了其中的咸香。等肉干透以后，那股腊味已经迫不及待地飘了出来，一块块红白相间、晶莹透亮的腊肉就呈现在眼前。

姥姥做的腊肉，除了过年期间招待宾客，还够全家人来年吃上一整年。人们都说姥姥做的腊肉特别好吃。我想，是因为它经过了各种外力的浸染，得到阳光风露的润泽，已经不再是简单的肉类，而成为凝固了时光的美食精华。

妈妈也是制作腊肉的高手，她的手艺自然来自姥姥的传授。她会制作腊鸡、腊鸭、腊鱼、腊肠等各色食品，制作好后满满当当地挂在阳台上。阳台就在我的卧室外面，于是从每年腊月到年后的二三月份，我都会伴着那股浓郁的腊肉味道入睡，直到现在，有时候饿了，还会觉得自己闻到了腊肉的香味。那是一种怎样的味道呢？香香的、咸咸的、浓浓的，格外诱人。

取一块腊肉，炖汤、炒菜，都是很好的吃法。春天，是吃莴笋的季节，用莴笋炖一锅腊肉，肉鲜美咸香、嚼劲十足，笋清爽干净、青翠欲滴，真是绝妙的搭配。还有青椒炒腊肉、蒜苗炒腊肉等，切成薄片的腊肉经过油的翻炒，肥的部分已经近乎透明，闪着晶莹的光泽；瘦的部分呈深褐色，肉丝根根分明。咬上一口，肥而不腻，筋道耐嚼，再配上时令蔬菜，独特的咸香中带着微辣，真是极好的下饭菜。

由于腊肉能够长时间保存，很多去外地求学、工作的信阳人，家人都会为他们准备一些腊肉带着，让身在异乡的他们在嘴馋的时候、在疲惫的时候、在想家的时候，能吃上家乡的食物，缓解思乡之情。

我吃过广东的腊肉，咸中带甜；湖南的腊肉，口味偏辣；四川的腊肉，用料更多，口感也更丰富……每个地区的腊肉都有自己独特的风格、独特的味道，在满足当地人味蕾需求的同时，也成为人们对家乡、对新年的一种情感寄托。

就我而言，说起家乡的腊肉，就会想起我的姥姥，那位慈祥的老人。她幼时家境贫寒，不到十五岁就嫁人了，用柔弱的肩膀承担起家庭的重任。她辛勤劳作、生儿育女，对上孝敬老人，对下照顾儿孙，用自己的母性光辉给予身边人温暖的关怀，是最典型的中国劳动女性形象。

姥姥年轻时很漂亮，虽然没有上过学，但心灵手巧，会做很多种女红。她很爱美，即使粗布衣衫，也从来穿得干净整洁。在清苦的日子里，她用自己的勤劳和智慧，为家人换来粮食，精心搭配着一日三餐。

听妈妈说我小时候很不听话，经常在夜里啼哭，姥姥就把我接过去，整夜不睡，替妈妈照顾我。上小学一年级时，由于父母工作调动没办法照顾我，他们就将我暂时送到姥姥家待了半年，在那里上学。我特别挑食，姥姥就变着法地给我做各式好吃的。我营养不良,走路没力气，瘦小的姥姥就每天背着我去学校上课，用省吃俭用的钱给我买营养品。

后来我回到父母身边生活，不能时常见到姥姥，就在寒暑假时和妹妹回乡下看她。每次回去她都特别开心，拿出积攒的土鸡蛋给我们蒸鸡蛋羹，还去地里挖新鲜的荠菜包饺子,买新鲜的鲫鱼熬汤。她说小孩子正在长身体，要吃有营养的东西才能搞好学习；她说"人是铁饭是钢"，吃饭不要挑食，什么都吃，才能健康。

姥姥自己总是舍不得吃，舍不得穿，她将自己全部的关怀都给了儿孙们，我也将她视为最亲近的人之一。

至今我仍记得很多童年细碎的片段，比如每次我们离开姥姥家时，她都去很远的车站送我们。从她家到车站隔着一条河，有一年发大水，河上的桥被冲垮了，我们在清晨坐船过河，坚持没让姥姥送。姥姥瘦小的身影站在河边，不停地踮起脚尖张望，一直目送我们平安到了对岸，她才放心离去。那时太阳已经慢慢升起，绚烂的朝霞照在姥姥身上，画面温馨隽永。

小时候我曾想，长大以后一定要好好孝敬、回报姥姥，给她买好看的衣服，买好吃的东西。可是经历了漫长的求学、工作生涯，我能够回家的次数却越来越少，我时常觉得惭愧，对姥姥的关心也仅仅是见面时的寥寥数语和一点微薄的礼物。但姥姥总是很坚决地拒绝，说孩子们在外面不易，自己现在有吃有穿，身体也还算硬朗，叫我们不要给她花钱。

姥姥今年已经八十几岁了，却还操持着力所能及的家务，始终为家人奉献而不求任何回报，她赢得了大家族里每一个成员的尊敬，成为家族的核心，带给大家强大的精神力量。

家有一老如有一宝。孩子们有什么开心的事都喜欢和她分享，不开心的事跟她念叨念叨也就过去了。她的重孙辈们也很喜欢她，父母哄不好的时候，太奶奶一哄就破涕为笑。前不久姥姥还炖了一锅自己亲手制作的腊肉，邀请她的几个女婿去家里一起享用。那味道，还是一如既往，地道、醇厚、温暖。

信阳腊肉

咬上一口，肥而不腻，
筋道耐嚼，再配上时令蔬菜，
独特的咸香中带着微辣，
真是极好的下饭菜。

腊肉 的 做法

食材:五花肉、盐、花椒、八角、香叶、桂皮。

1 在锅中放入盐、花椒、八角、香叶、桂皮等,翻炒均匀,直至炒出香味。

2 把炒好的辅料放凉备用。

3 将五花肉洗净,切成适当的长度,倒上备好的辅料,用力揉搓。

4 腌制三天,翻一下继续腌三天。

5 用绳子把肉给绑起来,放在阴凉通风的地方晾干即可。

腊肉 的 吃法

炒蒜苗

腊肉洗净，切成薄片，蒜苗切成段；准备好葱、姜、蒜，切成末儿。热锅倒油，把腊肉炒到肉皮微卷，然后加入葱、姜、蒜等作料，继续翻炒。可加入适量的豆瓣酱提味。加入切好的蒜苗，少许盐，继续翻炒至熟，装盘上桌。

炖莴笋

取出一块腊肉，用开水浸泡约半小时，洗净，切成小块；新鲜的莴笋洗净，切成小块。锅中倒入少许油，加入葱、姜、蒜等作料翻炒，再加入腊肉翻炒出香味。加水，烧开后改为小火慢炖，待腊肉快熟时，加入莴笋和适量盐，煮熟即可。

炒荷兰豆

荷兰豆撕去筋，清水洗净。烧开水，将荷兰豆焯烫一下，以便完全去除其中的毒素，捞出后沥干水分备用。将腊肉切成薄片。热锅中倒油，把腊肉炒到肉皮微卷，加入葱、姜、蒜等翻炒，待腊肉快炒熟时，倒入荷兰豆继续翻炒一到两分钟，加少许盐、味精等作料即可。

信阳火锅

承载美好的生活期望

> 长大后吃过外地的火锅，我才明白信阳火锅的不同，说是火锅，又不完全是火锅。一般地方的火锅，是在水中加入底料制成汤底，然后涮羊肉卷、牛肉卷、丸子、青菜、粉丝等各种食材，捞出来后蘸着麻酱等小料吃。信阳火锅则完全不同，它是事先炖好了肉和蔬菜，比如山药炖排骨。

你在北方的寒风里裹着貂，我在南方的艳阳里露着腰。中国幅员辽阔，不同地区之间气候迥异，也造就了饮食上的千差万别。

信阳位于淮河沿线，是南北方的分界线之一，和很多南方城市一样，信阳的冬季阴冷潮湿并且没有统一的采暖设施，因此冬季餐桌上的菜品也很容易变冷。此时，如果能吃到一种始终冒着热气的美味食物那就再好不过了。于是，信阳火锅应运而生，它在整个信阳地区都非常流行，这几乎是冬季信阳人家家必备的一道美食，家人一起吃、亲朋好友聚会吃、过年招待宾客吃……

在长达三四个月的冬日里，是一顿顿的火锅陪伴我们度过了一餐餐的美好时光，温暖了我们的肠胃和心灵。

记得一个冬日的中午，阳光透过窗户照进来，尽管窗外寒冷依旧，阳台却被晒得有几分暖意。"去阳台上吃饭吧。"妈妈说。我和爸爸连声答应，迅速收拾好桌椅。爸爸拿来火锅底座，倒入酒精，点燃火苗，妈妈随即端上热气腾腾的火锅，里面盛的是山药炖排骨。飘香的排骨，洁白的山药，乳白色的汤底，一眼望去就让人食欲大增。

夹起一块排骨，肉早已被炖得烂烂的、香香的；还有雪白软糯的山药，入口即化，美味又营养。舀起一碗汤，喝起来清香鲜美，没有过多作料的修饰，只是那种山药和排骨的味道融合其中，口感简单又令人回味良久。就着香甜的米饭，不知不觉一大碗就进了肚。在长达半个多小时的午餐时间里，享用着始终温暖的炖菜火锅，真是冬日里的一大乐事。

长大后吃过外地的火锅，我才明白信阳火锅的不同，说是火锅，又不完全是火锅。一般地方的火锅，是在水中加入底料制成汤底，然后涮羊肉卷、牛肉卷、丸子、青菜、粉丝等各种食材，捞出来后蘸着麻酱等小料吃。

信阳火锅则完全不同，它是事先炖好了肉和蔬菜，比如山药炖排骨。其实在其他季节，做成这样便已经可以直接端上餐桌吃了。但是，在冬季为了给菜品保温，我们会把这些汤菜盛在火锅中，让底部持续加热以防止食物变冷。

火锅里的炖菜内容可以是千变万化的，因为信阳独特的地理和气候条件，既位于南北分界线上，又处于鄂豫皖三省交界，有非常丰富的物产，食材特别丰富。比如萝卜炖腊肉火锅、海带炖猪蹄火锅、炖鸡肉火锅、胡萝卜炖羊肉火锅等等，可以随喜好任意搭配。

口味方面，信阳火锅也是融合了多地特色而自成一派。它讲究汤菜各半、五味调和，荤素一比一搭配，只放基本的作料，既做到了营养丰富，又实现了绿色健康。经过小火慢炖，实现了肉类的香软酥烂，也成就了汤底的醇厚浓郁，可以直接饮用，也可以涮黑白菜、菠菜、香菜、千张豆腐、丸子等其他食品，和米饭也是绝妙的搭配。可以说，普通火锅吃的是舌尖快意的口感，信阳火锅吃的则是滋补养生的含蓄。

最常见的火锅，是用酒精加热的。在酒精炉里倒入足够的酒精点燃，蓝色的火苗跳跃起伏，可以为其上的火锅源源不断地提供热量。锅中的汤微微沸腾，咕嘟咕嘟地翻着小泡，随着食客用筷子翻动、夹起锅中的食物，浓烈的香气也四散开来，弥漫到整个房间。

火锅可以去饭店、菜馆里点，也可以在家自己做。我最爱的还是在家里和家人一起围坐在火锅前，斟杯小酒，边吃边聊，话题从家庭琐事到天南地北，边分享美味的食物，边海阔天空地聊天。这样温馨和谐的情景，是我记忆中最温暖的画面之一。

现在由于工作，每年我只能回家一两次，赶上过年的时候，家里很热闹，大家走亲访友，往来相聚，自然免不了大吃大喝。在每家吃饭的时候，主人都要做一大桌饭菜招待亲友，一般是八、十或十二等双数盘的炒菜，再加上两个火锅、一道甜汤。

信阳炒菜以咸、香、微辣为特色，诸如芹菜炒牛肚、蒜薹炒肉、韭菜炒鸡蛋、香菇炒肉片、醋熘金针菇、炒青菜、熟牛肉、卤鸡翅、卤猪蹄、炸春卷、炸南瓜饼、拔丝苹果等等。等炒菜吃得差不多时，主人会端上精心准备的火锅，点上酒精炉，热气腾腾的炖肉炖菜带着特有的香味，被摆在餐桌正中间，有着众星捧月的王者气势。

新年的席间，喝酒是一定少不了的，觥筹交错，人声鼎沸。信阳人吃饭有个讲究，杯里的酒不喝完不能吃主食，一般主人会劝酒，待到宾客把杯中酒喝完，便开始上米饭、包子等主食。此时，大家就着米饭，享用火锅里的热汤热菜，你为我夹一块肉，我为你舀一勺汤，互相谦让，互相分享，吃得热火朝天，将整个酒席的气氛推向了高潮。甜汤一般是米酒鸡蛋汤，里面还可以放点糯米小汤圆，手巧的主妇自己还会做江米甜酒供宾客品尝。

听爸爸说，他小的时候家里很穷，孩子也多，平时根本没有肉吃，只有过年才能吃上一星半点的荤菜。但即使是物资极度匮乏的年代，家家户户在过年的时候也要准备一两个火锅端上饭桌，大人孩子都充满期待地瞧着，端着碗伸着筷子，兴奋地喊："火锅来了！"

吃火锅，已经成为过年的一种庄严仪式。可以没有新衣服，可以没有压岁钱，可以没有下酒菜，但没有火锅的年是不完整的，再贫穷的家庭也会端出自己的火锅，哪怕里面只有青萝卜和屈指可数的几小块肉，却也承载了全家人的期盼。那是对这一年辛苦劳作的奖励，是对新一年丰衣足食的预言，是信阳人心中一种幸福康乐的象征。

爸爸兄弟姊妹共七人，妈妈这边兄妹五人，他们中很多都有了孙子孙女、外孙外孙女，都是人丁兴旺的大家庭，新年时互相拜年，常常是二三十口人一起聚餐，小朋友们追逐玩闹，长辈们喜笑颜开，场面相当热闹壮观。随着物质生活越来越丰富，新年席间的饭菜越来越丰盛，火锅的数量和种类也越来越多。有一年新年期间，一位堂姐招待我们，就准备了二十多个炒菜、四种火锅，有炖腊肉、胡萝卜炖羊肉、山药炖鸡肉和青萝卜炖牛腩，怎么吃也吃不完。

火锅的变化，凸显出新年的隆重和喜悦，也反映了时代的发展和进步，人们的日子如同火锅，越过越兴旺红火。

每个家庭的火锅，因着主妇不同的小绝招儿，在味道、食材上总是各有特点。比如我妈妈，就喜欢多放一点肉，萝卜、山药等蔬菜放得少一些，在用料上比较基础，就是八角和盐再加一点干的红辣椒，出来的味道也是简单大方，适合大众口味。我的小姨，就会把辣椒加得多一点，使其口感更辣。我的姥姥由于生活在乡村，用的猪、鸡都是自己家养的，纯天然绿色食品，吃起来格外香。有些主妇喜欢加胡椒、桂皮等很多种作料，其口感就更多元；还有些主妇，炖肉的时候坚持用古老的砂罐，小火慢炖，汤的味道就更香浓，肉也更酥烂。

我总觉得，一个家庭，菜品的味道和风格，既然由家人的喜好决定，多少也反映了家人的性格和家庭文化，或者单纯简单，或者个性十足，或者淳朴友善，或者坚强有毅力等等。还有些家庭不墨守成规，喜欢进行创新，改变传统火锅的固定搭配，加入一些特制的食材，让火锅变得更美味、更吸引人。比如把传统菜豆腐炖鱼头做成火锅，还有黄豆芽炖小酥肉、素丸子炖瘦肉、黄豆海带炖猪蹄、千张豆腐小炖肉等等。很多饭店根据顾客的需求，也开发出了丰富多样的火锅种类，为大家提供了更灵活多样的选择。

火锅看起来非常清爽简单，吃起来却味道醇厚，而且没有加入过多的作料，讲究原汁原味，最大限度地保留了食物本身的味道和营养，符合现代人健康饮食的理念。这里说说几种常见火锅的做法。

如山药炖排骨。将适量的排骨切块，在开水里焯一遍，去净血水和浮沫儿，捞出后沥干。锅内倒少许油，加入葱、姜、干辣椒、八角炝锅，放入排骨翻炒出香味。然后往锅中加水，大火烧开，再次撇出浮沫儿，改为小火慢炖。待排骨七成熟时，加入切好的山药，再加入适量盐，慢炖一到两个小时就可以了。盛入火锅，点燃酒精炉，即可享用美食。

再如青萝卜炖牛肉。最好选用牛腩部分，也是将牛肉切块，放入开水中焯一遍，除去浮沫儿后沥干。加入油、葱、姜、八角炝锅，将牛腩炒出香味。然后加水，烧开后再次去浮沫儿，改为小火慢炖。当牛腩七成熟时加入青萝卜块及作料，慢炖约两个小时即可。

其他的如炖鱼头、海带炖猪蹄、千张豆腐小炖肉等火锅的做法都类似，就是先将肉类炒出香味，加水炖至七分熟后加入蔬菜，继续炖至熟烂即可。

新年结束，吃罢火锅，聚会散去，我和家乡的一些年轻人又要踏上火车，奔往各自工作的城市。离别，已经成为成年后不可避免的话题，年年岁岁，在相聚中欢笑，在离别中成长，直至成为一种习惯。妹妹说，故乡是个回不去、留不下，却也离不开的地方；我说，每一次的离别都是为了更好地相逢，激励我们更努力地期待明天。

信阳火锅

夹起一块排骨，
肉早已被炖得烂烂的、香香的，
还有雪白软糯的山药，
入口即化，美味又营养。

洛阳羊肉汤

香气可倾城

羊肉的味道对于喜爱它的人来说,特别诱人,令人爱到深入骨髓,甚至每一个毛孔都觉得舒畅。点一碗汤,再来一个新鲜出炉的烧饼,焦脆的饼和润口的汤总是那么和谐匹配,唤醒人们清晨尚未完全清醒的感官,给身体快速补充能量,以便以充满活力的姿态迎接新一天的挑战。

"唯有牡丹真国色,花开时节动京城。"人间四月天,美名甲天下的洛阳牡丹一片姹紫嫣红,在世人敬仰艳羡的目光中艳压群芳。

洛阳,这座盛产牡丹的城市,也尽显雍容华贵、千年帝都之气,让人不禁好奇:这样的一方水土,养育出的人是什么样的品性?他们日常喜欢饮什么茶、吃什么饭、谈什么天?

洛阳四面环山,气候偏干燥,人体需要通过饮食补充足够的水分。在这样的环境下,洛阳人的饮食习惯也形成了鲜明的特色,那就是汤汤水水多。

汤在洛阳人的饮食中占着绝对的主导地位。在洛阳街头,遍地可见的是各色汤水,从规模浩大、厚重奢华的洛阳水席,到雅俗共赏、地道可口的胡辣汤、不翻汤、牛羊头汤、驴肉汤、鸡肉汤、丸子汤、豆腐汤……简直是个"汤城"。

有人说,来洛阳,名贵的宫廷菜要吃,街头汤水更要吃,既做了皇帝又做了乞丐,人生两极都在美食上体现,可谓快哉!

洛阳人的一天,往往从喝汤开始。老洛阳人喝汤喜欢蹲在地上。过去,洛阳汤馆往往座位不够,大部分人只能蹲着喝汤,时间长了,蹲着喝汤居然成为古都人的一种习惯。

早上,汤馆的门口蹲着一大片人,他们边吃边聊,成为古都清晨里独特的风景。而如今,马路上已看不见蹲着喝汤的人,但不少老牌店家的门口,依旧排起长长的队伍。

在众多肉类汤中,羊肉汤至今仍占有主导的地位。奶白色的清汤,浮着薄薄的羊肉片、水嫩的葱花、碧绿的香菜，带着升腾的热气盘旋而来，散发着令人无法抗拒的香气。羊肉的味道对于喜爱它的人来说，特别诱人，令人爱到深入骨髓，甚至每一个毛孔都觉得舒畅。点一碗汤，再来一个新鲜出炉的烧饼，焦脆的饼和润口的汤总是那么和谐匹配，唤醒人们清晨尚未完全清醒的感官，给身体快速补充能量，以便以充满活力的姿态迎接新一天的挑战。

据说，很多在外地工作的洛阳人，回老家的第一件事就是要喝一碗熟悉的羊肉汤，由此可见它在洛阳人心中的地位。

虽说羊肉汤在整个北方地区都很常见，但洛阳的羊肉汤总是那么的特别。它讲究原汁原味、清淡营养、汤甜味鲜。它不像一些地方的羊肉汤那样加豆腐丝、海带丝、丸子等很多的配料，它就是那样简单素净，羊肉汤中就只有羊肉和汤。这里的"甜汤"不是真的放糖，而是特指不放盐的汤。

洛阳人特别注重汤的咸甜程度，甚至能从一个人喝汤的口味，判断出他的年龄和喝汤的"道行"。一般来讲，一个人年龄越大、喝汤的时间越长，要求汤的味道就越淡。而习惯喝"甜汤"（即不放盐）的人，才是最正宗的"喝家"。不过，随着时代的发展和年轻人口味的变化，现在有很多店会根据客人的需求，提供一些添加配菜的羊肉汤。

洛阳人喜欢喝"头锅汤"。民俗学家曾生动地形容为"七点钟喝汤（原味），八点钟喝油（加水多了，靠油出味），九点钟喝水"。很多老洛阳人往往晨鸡刚鸣叫就守候在汤馆门口，为的是能喝上"头三碗"。也因此，很多店里的羊肉汤，只在早晨和上午供应，就是求其鲜、求其纯。

此外，喝汤泡馍，是这里的老规矩。油旋、烧饼、锅盔、饼丝……各种饼可供选择，因着做法不同而呈现出或焦香酥脆或坚硬筋实或松软可口等多种口感，总有一款适合你。洛阳的这种叫"油旋"的面食，看上去黄灿灿的，闻起来香喷喷的，摸上去热乎乎的，饼一圈一圈整齐紧密地旋转至中心，漂亮极了。撕开焦脆酥香的表皮，可以看到洁白绵软的内里，吃起来松软可口。

洛阳人喝羊肉汤，讲究要趁热快喝，因为汤凉了就会失去最佳的口感。"添汤不要钱"也是在洛阳喝汤的另一个特点，顾客汤喝完了，老板会很慷慨地免费续汤，这也证明了店家汤纯味美，广受欢迎。善于喝汤滋补的洛阳人，深谙养生的道理。他们知道再好喝的汤，毕竟是用牛羊肉制作而成，吃太多身体则可能上火。因此在他们的生活中，大量饮水是必不可少的。

我曾有机会去洛阳，那是个大气端庄、工整有序的城市，无论是一山一水，还是建筑容貌，无不透着千年古都的王者风范。看着倾城风光，寻着人间美食，我和友人的洛阳之行，同样由四月清晨的一碗羊肉汤开启。记忆中的味道是非常鲜美可口的，友人还详细地介绍了羊肉汤的制作过程。

头天晚上，制作羊肉汤的师傅就着手准备，需要将新鲜的羊骨敲开，最好是带有骨髓的骨头，放入专用的大锅中，加入清水及各种作料，待汤沸腾后转为小火，通宵熬制，才能把羊骨中的钙质、骨髓的精华都熬进汤里。汤中所用的羊肉也极为讲究，必须是现杀现用，以保证羊肉的鲜嫩。

店家会把羊肉切成薄片备用，煮汤时抓上一把丢入锅中，翻飞、沸腾，煮好后连汤带肉盛起来，一碗香气扑鼻的羊肉汤就做好了。甚至很多店家会在煮肉的大锅前挂着羊肉，现用现取，以最大限度地确保肉质的鲜度。

一方水土养育一方人。地处中原腹地的洛阳，立河洛之间，居天下之中，既秉中原大地敦厚磅礴之气，也具南国水乡妩媚风流之质，怪不得历朝历代，那么多的君王要在这里定鼎九州。

数千年的朝代更迭、风雨起落，古都的人们既养成了雍容、沉稳和大气端庄，又散发着传统文化熏陶出的知书达理、智慧勤劳、淳朴本分，被统称为"河洛儿女"。他们重礼仪，对家人孝、对国家忠、对朋友诚信、对爱人尊重。他们热情、善良，性格兼具北方人的阳刚和南方人的温柔。

我认识的两位洛阳女孩，都是那种端庄大气的类型，性格开朗大方，做事风格既考虑周全又果敢决断。

　　其中一位是我的大学同学，当年刚入校时，班里竞选班长，第一个站起来毛遂自荐的就是她。当时我就想，这个女孩真有魄力。后来她果然竞选成功，在四年的大学生活里，不仅是我们的班长，还身兼学生会以及社团的重要职务，不管是策划组织活动，还是外联沟通工作，都表现得精明能干。毕业后，这个女孩和男友一起去了上海，两人先是在企业工作了几年，后来先后辞职，回到家乡河南，在郑州自己创业，据说现在发展得很不错。

　　另一个洛阳女孩是我在火车上认识的，当时我们四人邻座，因为都是女孩，就凑一桌打牌。十个小时的旅程结束后，我们从上车前的互不相识，变成了相谈甚欢的朋友。

　　这个女孩之前是一名中学语文教师，后来考上MBA，可能中间的跨度有点大，但勇于挑战是她的一大特点，她是那种一旦拿定主意就绝对奋勇直前、不达目的绝不罢休的人。

　　交际范围广是她的第二大特点。我是那种在学校专心读书的人，熟悉的人也就限于自己班级的同学，学校里的其他同学认识的寥寥。但这个女孩，各个学院、各级各班，几乎没有她联系不到的人；不仅如此，她在校外也有好多朋友，还张罗同乡会、校友会等好多组织，几乎是朋友遍天下。我折服于她的交际能力，跟她相处时，不知不觉地就会被她的热情、健谈又不乏细腻的性格所吸引，而主动打开心扉。

直到现在，她在微信朋友圈还经常发些催人上进的文字，类似"爱拼才会赢，这是一种自信。别人可以替你做事，但不能替你感受。天助自助者，成功者自助"，"成功与失败，幸福与不幸，在各自心里的定义都不会相同。关键在于如何把握你想要的东西，别让它与你失之交臂，别让自己有太多的遗憾"……我想，这些励志格言也是她生活的真实写照吧。

洛阳羊肉汤

奶白色的清汤，
浮着薄薄的羊肉片、水嫩的葱花、碧绿的香菜，
带着升腾热气盘旋而来，
散发着令人无法抗拒的香气。

洛阳羊肉汤 的 做法

食材：羊骨、羊肉、姜、葱、花椒、八角、桂皮、香叶、盐、胡椒粉、香菜等。

1　处理羊肉和羊骨：将羊肉和羊骨洗净，放入锅中，加入适量水，再加入姜、葱、花椒、八角、桂皮、香叶等作料，大火煮沸后转小火煮二至三小时，直到羊肉熟透。

2　制作汤底：将锅中的汤倒入另一个锅中，加入适量的盐和胡椒粉调味，煮开后转小火煮十至十五分钟，直到汤底浓郁。

3　制作羊肉汤：将煮好的羊肉和羊骨切成小块，放入碗中，加入适量汤底，撒上香菜即可食用。

蒸面条

朴素的光华

　　这样一盘色香味俱佳的蒸面条，着实也是人们餐桌上的明星，虽然是普通食材、家常做法，却因为巧妙的搭配而有了夺目的光芒，引得人们垂涎三尺、蠢蠢欲动。较之平常煮熟的面条，蒸过的面条筋道又富有弹性；在锅中吸收了汤汁和菜品的香味，浸润了其中的油脂和营养后，又显得格外香软润滑、自然入味。五花肉肥而不腻，黄豆芽根根耐嚼，越嚼越香，令人回味无穷，似有神奇的魔力，引人入胜，满足舌尖味蕾的要求。

　　面食在河南人的心中占据着重要的地位，烩面、刀削面、卤面、汤面、粉浆面……形形色色的面条是人们一日三餐中不可缺少的重要伴侣。

　　河南人常吃的一种面——蒸面条，是将新鲜的细面

一八九

条放在锅中先蒸熟，然后炒菜，与面条拌匀，再小火炒制使之入味，这样就形成了一种独特的美味。面条因为参与了炒菜的过程，所以既有肉的油脂和香气，也有菜的清脆和可口，特别鲜香入味。

蒸面条所用的面条不同于其他的面条，要选一种细细的面，而且必须是刚轧好的新鲜面条，因为这时面条水分充足、弹性饱满，有着很好的口感。用小刷子在笼屉的底部刷一层薄薄的油，把面条放上面，要用手抖得蓬蓬松松的，这样既能让面条最充分地吸收热量，在较短的时间内蒸熟，又能保持面条根根分明的状态，使之互不粘连，这是做好蒸面条的关键。大约蒸十五分钟，面条看上去变得油亮油亮、圆润筋道时，就蒸熟了。把面条拿出来，在面板上平铺、抖开，晾着备用。

炒菜时一般要加的是五花肉，再与一两种蔬菜随意搭配组合，常见的有黄豆芽五花肉蒸面和豇豆炒肉蒸面。

五花肉肥瘦相间，是很多炒菜、炖菜的基础原料，是菜品香味的重要来源，既能提供丰富的动物油脂，也能提供紧致筋道的瘦肉，为味蕾提供大快朵颐的香爽满足感。

豆芽是一种神奇的东西，说是蔬菜又偏向于豆类，说是豆类又有着鲜嫩的菜芽。我总觉得黄豆芽有着无尽的爆发力，那一颗一颗淡黄色的豆瓣，拖着细细长长的素白尖芽，嫩得能掐出水来，泡在清水中，如同一只只小蝌蚪在游弋，闻上去似乎没什么特殊香气，可是经过作料的调和与高温的翻炒之后，黄豆芽就散发出了扑鼻的异香，弥漫整个厨房。一颗颗豆子成熟后，其颜色由淡黄色变成了明黄欲滴的颜色，看上去明艳照人，让人觉得豆子仿佛在经历热火的锤炼后重生了。

蒸面条需要用到的作料包括葱、姜、鸡精、五香粉、酱油、食盐等。在将黄豆芽和五花肉炒到七八分熟的时候，加一些水，再加入之前蒸熟备用的面条。水一定要足，但又不能太多，以面条全部没入汤汁中为宜。

这时取一双筷子准备拌面，要把面与菜充分地混合均匀，使每一根面条都能蘸上锅内的油分和汤汁，这样既能染上汤汁中的酱色，吸收其中的味道，同时又能继续使面条保持根根分明的状态。全部拌匀之后，盖上锅盖用小火焖一会儿，让面条入味，等汤汁差不多收干时关火，一锅香气四溢的蒸面条就做好了。

蒸好的面条呈现出琥珀一样的亮丽色泽，油光剔透、玲珑温润。黄豆芽褪去青涩稚嫩的外衣，变得金黄大气、端庄秀丽，淡黄色的豆瓣一颗一颗点缀在琥珀色的面条上，像是有香气的宝石。丝丝缕缕的五花肉片在其中若隐若现，更像是待人寻觅的神秘宝藏。

这样一盘色香味俱佳的蒸面条，着实也是人们餐桌上的明星，虽然是普通食材、家常做法，却因为巧妙的搭配而有了夺目的光芒，引得人们垂涎三尺、蠢蠢欲动。较之平常煮熟的面条，蒸过的面条筋道又富有弹性；在锅中吸收了汤汁和菜品的香味，浸润了其中的油脂和营养后，又显得格外香软润滑、自然入味。五花肉肥而不腻，黄豆芽根根耐嚼，越嚼越香，令人回味无穷，似有神奇的魔力，引人入胜，满足舌尖味蕾的要求。

过去，饮食品种比较少，隔三岔五就想吃一顿蒸面条来解解馋。现在，人们的物质生活丰富了，可吃的东西品种繁多，但大家还时常做蒸面条吃，以调剂一下口味。一碗蒸面条，一碗面汤，可谓一顿既可口又能饱腹的家常美餐。

小姨的女儿，我的表妹，从小就爱吃蒸面条，在外地读了大学后，每次假期回到家中，都会嚷着吃蒸面条。家乡美食熟悉的味道，缓解着小女孩淡淡的乡愁，满足着她内心小小的撒娇和任性，成为她精神世界的一丝牵挂和寄托。

小姨特别疼爱离家生活的独生女儿，经常在清晨骑车往返数公里，为的是给女儿买一碗蒸面条。这样，表妹一觉醒来，家中的餐桌上就会摆好一碗熟悉的美食，那是闻了二十年的香气，吃了二十年的味道，也是她自小就深深依赖、现在还无比留恋、终其一生也难以割舍的温馨母爱。

著名作家三毛在《永恒的母亲》一文中写道："母亲的腿上，好似绑着一条无形的带子，那一条带子的长度，只够她在厨房和家中走来走去。大门虽没有上锁，她心里的爱，却使她甘心情愿地把自己锁了一辈子。"

　　每一位母亲都与生俱来地把"吃"作为养育儿女中的一项重要职责，甚至是毕生的使命。即使母亲不善厨艺，使用的是再平常不过的普通食材，她也会尽最大能力给孩子们做好吃的。看到孩子大口吃饭，因对食物的满足而露出开心的笑容，母亲即使再累也会觉得心满意足，有种说不出的成就感。为人父母，都希望孩子出人头地，但身为母亲，对孩子的第一期望总是吃饱穿暖、健康长大。这一点，在我自己做母亲后体会得更为深刻。

　　小姨一家是普通的工薪家庭，吃穿用度算不上奢侈富足，很多时候甚至必须精打细算，节俭生活。

　　在这样的条件下，小姨还是会尽力为女儿做可口的饭菜，有时候跑很远的路，只是想货比三家，以相对少的钱买到最好品质的食材；有时候是在普通的食材上下精心百倍的功夫，烹饪出风味独特的饭菜，让女儿开胃大吃。比如一盘香辣可口的麻辣鸡头，几尾鲜香美味的红烧鲫鱼，一碟鲜亮飘香的红焖排骨，一碗美味可口的鸡蛋汤……更有那香喷喷的蒸面条，里面饱含了小姨的良苦用心，也成为女儿茁壮成长的重要保障。

表妹在外地工作之后，回家的次数更少，每次回家总少不了要吃家乡味浓郁的蒸面条。

　　这两年，她小时候常吃的那家卖蒸面条的店，由于老板娘上了年纪，关门不再做生意了，这使她无法再吃到那经典的黄豆芽五花肉蒸面条，不得不说是种遗憾。不过，小姨会亲手给女儿做蒸面条，她擅长做豆角猪肉蒸面条，焖得绵软酥烂的长豆角、香气扑鼻的瘦肉、油亮筋道的蒸面，一切搭配得恰到好处。倘若再加上一点红油辣椒搅拌，则更是香辣爽口，令人食欲大增。

　　小姨在饮食方面对女儿几乎百依百顺，她认为孩子吃得好才能有健康的身体，而这是做好一切事情的基础。其实小姨对女儿很严厉，在一些事情上要求很严格，比如学习，比如在生活中培养良好的习惯，比如待人接物的礼仪等。

　　我以前的一个同事，她是南方人，来天津以后由于不习惯北方的饮食，加上工作忙碌也无暇锻炼厨艺，经常凑合着随便吃点。她的母亲不能容忍女儿这样应付自己的身体，于是坐高铁来天津小住，留下一冰箱做好的饭菜。可是高铁成本毕竟太高，母亲又想出一个更好的办法：自己在家做好女儿爱吃的菜，放在包装盒里密封装好，快递寄到天津。

　　那会儿正好是冬季，当天发货转天即到，熏鱼、牛肉干、红烧鱼、虾子杂酱、香菇蛋饺、炖羊肉……一道道家乡的美食，跨越数千公里，带着新鲜的口感和母亲的心意送达女儿手中。不是电影也不是剧本，这是真实存在于生活中的情景，同事发朋友圈的时候，很多本地朋友在下面评论，大家都被这样的母爱深深感动，决定现在就回家吃一顿母亲做的菜！

是的，母亲的爱，不在于熠熠生辉的光芒时刻，也不在于众人关注的巨大舞台，而在于平淡生活里的一餐一饭，以朴素的光华照耀着我们一生的成长。她用毕生的心血养育着孩子，可能就是朴素无华的一碗热汤、清香爽口的一盘土豆丝、精心削好皮的一个大苹果，或者是清晨早起排队买回的一份蒸面条、转悠好几个地方才买到的小菱角、托人从老家捎来的炒花生……

然而正是这些温暖朴素的食物，为我们的身体提供了巨大的能量和养分，使我们健康地长大成人，完成自己的学业和工作，建立自己的小家庭，在社会中获得一席之地。我们常常说不出母爱具体是什么，却又无时无刻不在享受母亲的爱。

有空的时候，就回家陪陪母亲吧。不知道吃什么的时候，就回家吃一道妈妈做的菜或面吧，她一定会特别开心。

蒸面条

蒸好的面条呈现出琥珀一样的亮丽色泽，油光剔透、玲珑温润。

蒸面条的做法

食材:新鲜的细面条、五花肉、黄豆芽、葱、姜、食用油、
　　　酱油、盐、五香粉、鸡精。

1　将五花肉切片,黄豆芽洗净,葱切段,姜切末儿备用。

2　在笼屉底部刷一层食用油,放上面条,不要压实,
　　要蓬松一些,锅内放水,大火烧开,蒸十五分钟。

3　蒸好的面条,倒出备用。

4　锅内倒食用油,油热后下五花肉煸炒。待肉变色后
　　放入切好的葱、姜,加酱油、盐调味。

5　放入黄豆芽翻炒,菜炒至八成熟时,锅内倒入开水,
　　加五香粉、鸡精调味。

6　放入蒸好的面条,用筷子将面条和菜拌匀。

7　盖上锅盖,转小火焖五分钟左右,即可出锅。

图书在版编目（CIP）数据

老家味道.河南卷/李晶著.-- 石家庄:河北教
育出版社,2024.4
ISBN 978-7-5545-8083-7

Ⅰ.①老… Ⅱ.①李… Ⅲ.①豫菜—菜谱 Ⅳ.
① TS972.12

中国国家版本馆 CIP 数据核字（2023）第 175272 号

书　　名　老家味道　河南卷
　　　　　　LAOJIA WEIDAO HENAN JUAN
著　　者　李　晶
出 版 人　董素山
总 策 划　贺鹏飞
责任编辑　付宏颖
特约编辑　肖　瑶　苏雪莹
绘　　画　申振夏
装帧设计　鹏飞艺术

出　　版　河北出版传媒集团
　　　　　河北教育出版社　http://www.hbep.com
　　　　　（石家庄市联盟路 705 号，050061）
印　　制　三河市中晟雅豪印务有限公司
开　　本　889 mm × 1194 mm　　1/32
印　　张　6.5
字　　数　114 千字
版　　次　2024 年 4 月第 1 版
印　　次　2024 年 4 月第 1 次印刷
书　　号　ISBN 978-7-5545-8083-7
定　　价　59.80 元